西安交通大學　本科“十二五”规划教材

传统民居与乡土建筑

周晶　李天　编著

西安交通大学出版社
XI'AN JIAOTONG UNIVERSITY PRESS

内容提要

本教材为介绍中国传统民居与主要乡土建筑类型的普及性教材。内容涉及目前在中国广大农村和乡镇依然存在和使用的传统民居形式，包括少数民族民居。教材依据传统民居建筑的使用状况和地域分布，划分为三部分，分为上、中、下篇，每篇分别由四种重要传统民居类型构成。

教材每章重点介绍一种类型的传统民居与乡土建筑类型，汉族民居部分由背景知识、民居类型的一般性知识、典型民居或著名民居介绍、民居自然与人文环境以及知识窗部分组成；少数民族民居部分没有配置知识窗环节。教材每一环节中的文章侧重点有所不同，目的在于使学习者全方位了解中国传统民居的建筑环境、建筑历史、建筑材料、建筑工艺特征以及民居中包含的独特文化内涵。

教材设置了较为详细的平面图和立面图，方便使用者对照学习。除注明出处者，线条图均由作者自绘，照片除注明来源者，均由作者拍摄。

本教材为建筑学教育普及型教学用书，适合城市规划、环境艺术等相关专业学生和建筑文化爱好者学习参考之用。

图书在版编目(CIP)数据

传统民居与乡土建筑/周晶，李天编著. —西安：
西安交通大学出版社，2013.8(2023.1 重印)
ISBN 978-7-5605-5498-3

Ⅰ. ①传… Ⅱ. ①周…②李… Ⅲ. ①民居-中国-高等学校-教材②乡村-建筑艺术-中国-高等学校-教材 Ⅳ. ①TU241.5②TU-862

中国版本图书馆 CIP 数据核字(2013)第 184381 号

书　　名 传统民居与乡土建筑
编　　著 周　晶　李　天
责任编辑 王　欣

出版发行 西安交通大学出版社
(西安市兴庆南路 1 号　邮政编码 710048)
网　　址 http://www.xjtupress.com
电　　话 (029)82668357　82667874(市场营销中心)
(029)82668315(总编办)
传　　真 (029)82668280
印　　刷 西安日报社印务中心

开　　本 727mm×960mm　1/16　**印张** 12.625　**字数** 227 千字
版次印次 2013 年 8 月第 1 版　2023 年 1 月第 11 次印刷
书　　号 ISBN 978-7-5605-5498-3
定　　价 25.00 元

如发现印装质量问题，请与本社市场营销中心联系。
订购热线：(029)82665248　(029)82667874
投稿热线：(029)82664954
读者信箱：1410465857@qq.com

前　言

传统民居与乡土建筑，对每个生活在这片土地上的中国人来说，是曾经熟悉，但正逐渐陌生的住居；传统民居与乡土建筑，是曾经那么亲近，但正逐渐遥远的记忆；传统民居与乡土建筑，是曾经为我们遮风挡雨，让我们修养生息，使我们魂牵梦绕的家，她朴素、温馨、平和，亦如我们生活在乡间的祖母。但是那份伴随传统民居的生活模式和生活态度，正在势不可挡地因着所谓现代化的生活方式逐渐蜷缩在历史的某一角落。人们在偶然思考着回归田园，拥抱乡土的短暂瞬间，总是会怀念那个他出生的老房子：有些斑驳的墙壁、有些糟朽的房梁、有些坑洼不平的地面，可能还有从狭窄的天井里射进庭院的阳光，沿着破损的屋檐淅淅沥沥的雨滴。

在越来越多的人在城市化进程的裹挟下离开乡村，享受城市生活的便捷的同时，乡村逐渐成为了落后的代名词，而乡村生活最为显著的标志——民居，自然成为要摒弃、至少是改造的对象。实事求是地讲，虽然流传了成百上千年的传统民居是各地区、各民族根据地理与气候条件以及经济社会水平发展的产物，其中不乏民族文化的精华与瑰宝，毕竟有些方面不适应现代人对生活舒适与品质的追求。因此，传统民居在数量上的急剧减少，甚至某一类传统民居类型的消亡是不可避免的趋势。但是需要指出的是，作为中国传统文化的重要组成部分，对那些关乎民族文化传承的、艺术价值极高的民居类型与民居实例，在必要尽力保护并使之流传的同时，在更大的范围内让更多人了解中国传统民居与乡土瑰宝，特别是让与离乡土渐行渐远的年轻人了解中国民居建筑的美与文化价值，是我们从事建筑文化研究与传播的人士的责任与义务。

这本教材是在西安交通大学所开设的全校性通识类课程“传统民居与乡土建筑”的讲义基础上编写的介绍中国传统民居与主要乡土建筑类型的普及性教材。内容涉及目前在中国广大农村和乡镇依然存在和使用的传统民居形式，包括少数民族民居。教材依据传统民居建筑的使用状况和地域分布，划分为三部分，分为上、中、下篇，每篇分别由四种重要传统民居类型构成。

教材每章重点介绍一种类型的传统民居与乡土建筑类型，汉族民居部分由背景知识、民居类型的一般性知识、典型民居或著名民居介绍、民居自然与人文环境以及知识窗部分组成；少数民族民居部分没有配置知识窗环节。教材每一环节中的文章侧重点有所不同，目的在于使学习者全方位了解中国传统民居的建筑环境、建筑历史、建筑材料、建筑工艺特征以及民居中包含的独特文化内涵。

教材设置了较为详细的平面图和立面图，方便使用者对照学习。除注明出处者，线条图均由作者自绘，照片除注明来源者，均由作者拍摄。作者周晶负责全书的文字部分的编写，李天承担了全书各章节题图和正文中图片的挑选以及绝大部分线条图的绘制。

本教材为建筑学教育普及型教学用书，适合城市规划、环境艺术等相关专业学生和建筑文化爱好者学习参考之用。

编者

2013 年 6 月

目 录

下篇　民族风情

绪　论

中国传统民居概述

中国历史悠久，幅员广大，民族众多，在几千年的历史文化进程中，积累了丰富多彩的民居建筑的经验。在漫长的农业社会中，生产力的水平比较落后，人们为了获得比较理想的栖息环境，以朴素的生态观顺应自然，以最简便的手法创造了宜人的居住环境，表现出结合自然、结合气候、因地制宜的审美意境。

中国境内居住着汉、蒙古、藏、回、维吾尔等五十六个民族，这些民族居住不同地域。由于自然环境与气候条件的差异，也由于不同地区各自产出不同的建筑材料，世代以来，各民族按照各自生产和生活的不同需要与习惯，根据当地所能提供的建筑材料，并在长期发展中形成各自的民居建筑与建筑风格。

一、汉族民居简史

据考古发掘，在距今六七千年前，中国古代人已知使用榫卯构筑木架房屋，如浙江余姚河姆渡遗址；黄河流域也发现有不少原始聚落，如西安半坡遗址、临潼姜寨遗址。在这些聚落中，居住区、墓葬区、制陶场，分区明确，布局有致。木构架的形制已经出现，房屋平面形式也因功用不同而有圆形、方形、吕字形等，是汉族传统民居建筑的草创阶段。（图Ⅰ-1 半坡遗址想象图）

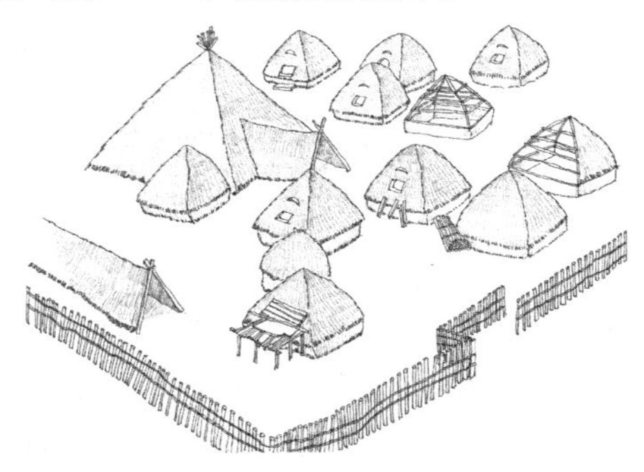

图Ⅰ-1　半坡遗址想象图

1. 夏商周秦时期

经过夏、商、周三代，夯土技术已广泛使用于筑墙造台。如河南偃师二里头早商都城遗址，有长、宽均为百米的夯土台，台上建有八开间的殿堂，周围以廊。此时木构技术较之原始社会已有很大提高，已有斧、刀、锯、凿、钻、铲等加工木构件的专用工具。木构架和夯土技术均已经形成。

西周兴建了丰京、镐京和洛阳的王城；春秋、战国的诸侯国均各自营造了以宫室为中心的都城。这些都城为夯土版筑，墙外周以城濠，辟有高大的城门。宫殿布置在城内，建在夯土台之上，木构架为主要的结构方式，屋顶已开始使用陶瓦，而且木构架上饰以彩绘。这标志着中国古代建筑已经具备了雏形，不论夯土技术、木构技术还是建筑的立面造型、平面布局，以及建筑材料的制造与运用，色彩、装饰的使用，都达到了雏形阶段。

考古发现表明，商代居住建筑建筑在有一定高度的夯土房基上，又在外墙普遍使用斜坡式散水，使得室内受潮湿的影响大为减少。木结构的支撑柱虽然依然埋入夯土内，但已将柱底制成平面，而非原始社会通常采用的尖桩形式。另外，在柱下铺一石块作为柱础的方式已经普遍，说明当时先民对建筑结构构件受力的情况已经有相当了解。除了木柱梁式建筑之外，其他如窑洞、干栏式和井干式建筑也都应用于民居。

《仪礼》中载有东周春秋时期士大夫住宅的平面制式。此类住宅平面呈南北稍长的矩形，门屋建于南墙的正中，面阔三间，中设门道，两侧有塾，门内辟广庭。厅堂建于庭北侧而近北垣，下建有东西二阶的台阶。台上建筑为面阔五间，进深三间。中部三间为堂，为主人生活起居以及接待宾客之用。堂两侧各建南北向内墙一道，其外侧有侧室，当系主人寝居所在。（图Ⅰ-2《仪礼》中的士大夫住宅）

2. 秦汉时期

汉代民居多采用木构架，其形式有抬梁、穿斗、干栏与井干等。规模较小的住宅建筑平面为方形、矩形或者曲尺形，面阔一间至三间。小型民居常为一层，少数为二层，屋顶多为两坡顶，正脊两端常施起翘的脊头。用木柱梁结构的建筑，有的还表现出斗拱以及斜撑等辅助构件。

稍大的住宅常采用将庭院置于前后两列建筑之间的布局，或者将建筑合成“U”形。这些住宅多建有两坡顶的独立门屋，倚墙的单面内廊与主体建筑相连，主体建筑的中部多建有二层的楼屋。（图Ⅰ-3 出土汉代住宅明器）

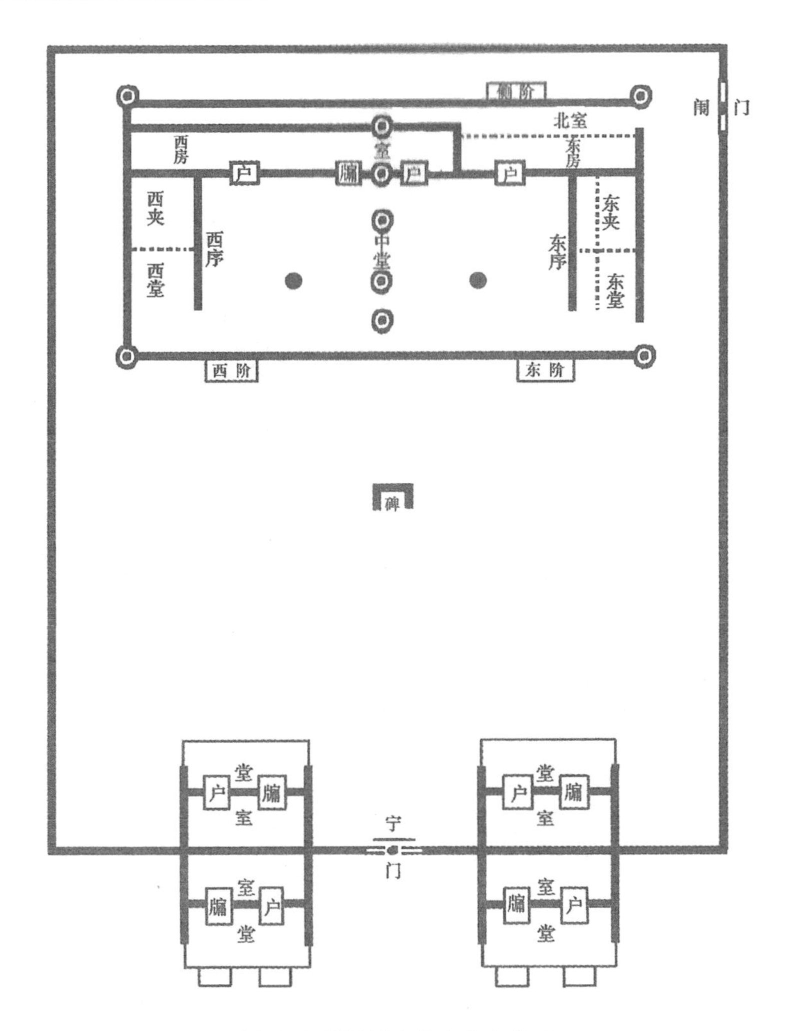

图Ⅰ-2《仪礼》中的士大夫住宅

图Ⅰ-3　出土汉代住宅明器

3. 唐宋时期

从魏晋到唐宋，是中国古代建筑发展最辉煌和成熟的时期，对民居建筑来说，是住宅生活方式转型、民居类型基本形成时期。

魏晋南北朝时期北方社会动荡，大型宅院中出现了以同一宗族为核心主体的坞堡。敦煌壁画中有一所富豪的宅院，其中高墙上有阶梯状的雉堞、城楼、望楼、墩台等防御设施。

隋唐时期的敦煌壁画中有众多宅邸类型，主要有以下平面布局：①一门一院一堂：长方形院落，前有门楼，后有堂屋，外有廊庑或围墙，门与堂均在轴线上；②一门两院一堂一室：前有门楼，后有堂阁，一周是曲折的廊庑，形成主院；③一门一堂一楼；④二门一堂一室二厢。（图Ⅰ-4 出土唐代住宅明器）

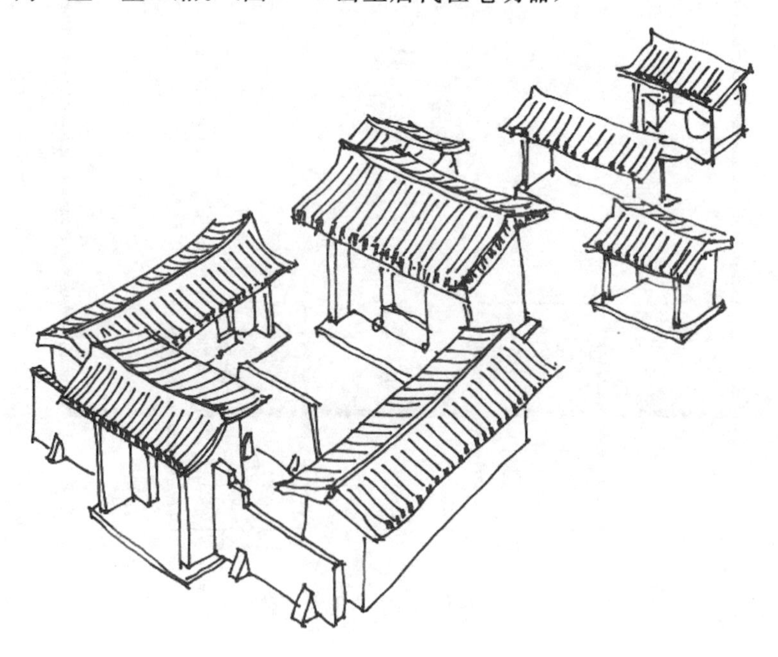

图Ⅰ-4 出土唐代住宅明器

4. 宋辽金时期

宋代的城市、宫殿和寺庙都走向一定的形制模式，城市住宅建筑形式走向统一的格局。四合院的形式也得到了进一步完善和定型，适合官僚宅第或有一定身份的文人、商贾。小型住宅多使用长方形平面，屋顶多用悬山或者歇山顶、梁架、栏杆、格栅、悬鱼等，具有朴素而灵活的形体。

5. 元明清时期

元代北方住宅多受元大都住宅的影响，所用的院落布置、开间大小、工字厅、旁门跨院等，与汉族住宅无异。

明清两代因为农业生产的发展和人口增加，村落明显增加，民间建筑类型增多，除了民居之外，还有祠堂、书院、会馆、书斋、庭院以及牌坊、门楼、桥梁和亭阁等。

明清住宅类型变化很大，北方民居不但有单体平房，还有合院式民居、多院式合院民居等。晋陕地区的合院式住宅因其东西向的院子较窄，其院落平面呈工字形，称为窄院民居。青海东部农耕区的乡土民居类型称为庄窠，以适应当地气候寒冷、干燥、多风沙和就地取材。地跨甘陕晋豫广阔的黄土高原窑洞民居是我国北方独特的建筑体系，冬暖夏凉、取材容易、造价经济、施工方便，适合当地经济水平。

南方民居类型中，最主要的是沿袭北方中原地区带来的合院式民居——天井院民居。因为南方气候炎热、潮湿、多雨，院落不能太大。南方民居既要有阳光，又要能防热、遮阳、避雨，因而檐廊以及开放通敞的厅堂、门窗、隔断是不可缺少的建筑要素和构件。(图Ⅰ-5 明清四合院)

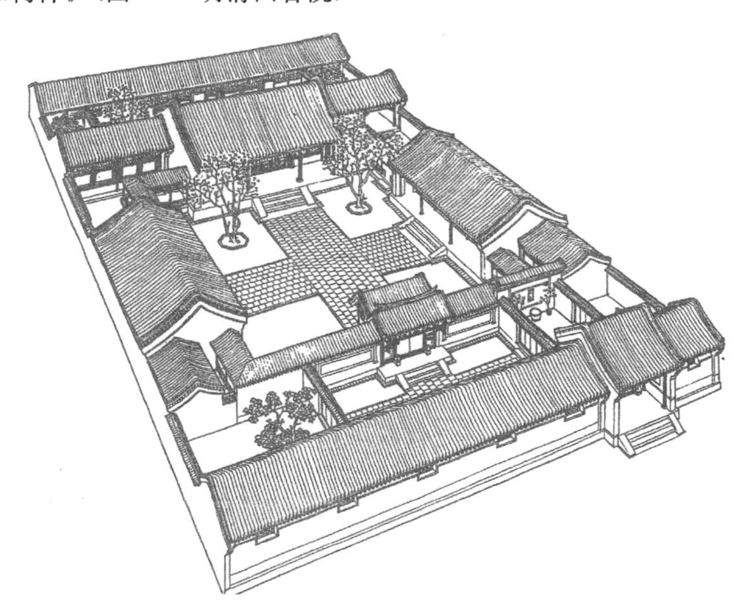

图Ⅰ-5 明清四合院

二、少数民族民居的分布、类型与特征

我国少数民族多居于西部地区，到了清代，由于中央政府民族政策的宽容和怀柔，使得民族和宗教建筑，包括衙署、寺庙、僧舍、学宫、民居、村寨等都得到了较大发展，达到了比较成熟的定型阶段。

1. 帐篷式民居

帐篷式民居以蒙古族民居为代表。我国蒙古族聚居在内蒙古自治区，幅员广大，土地辽阔，是天然牧场。蒙古族史上以游牧为主，形成了本民族特有的居住方式。每到一处，都张幕为庐。《后汉书》记载“随水草放牧，居无常处。以穹庐为舍，东开向日。”

蒙古包有两种形式，一种是适于游牧生活的活动式包，可以随拆随移，另一种是固定蒙古包，不能移动。后者多建筑在流沙地区，包外设防沙障，有的还在毡包前建门楼，与汉族民居的前厅类似。（图Ⅰ-6 蒙古包）

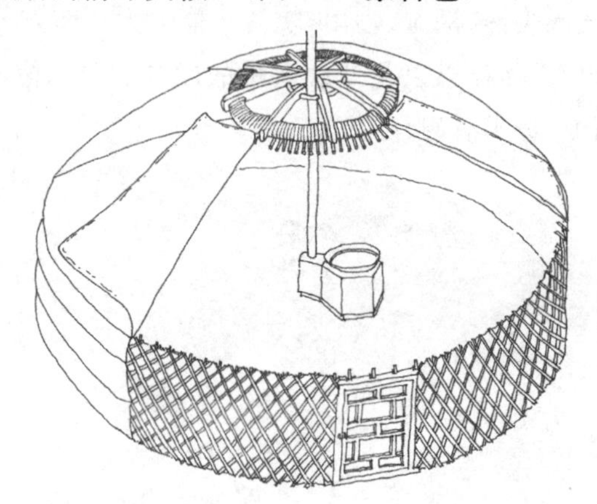

图Ⅰ-6 蒙古包

2. 碉房式民居

碉房式民居以藏族民居为代表，羌族民居也是碉房形式的。藏族分布地区自然地理条件复杂，高原地带气候寒冷干燥，河谷平原地区气候温和，水源丰沛。碉房常背山面水依山坡而建，墙体多为乱石砌筑，内部则用小柱网、木桁梁。房屋与自然环境紧密结合，房屋墙体上窄下宽，厚实稳固。门窗框多用梯形，窗格细致，门窗、雨篷的椽子、挑木色彩多样。屋顶多为平顶，底层的屋面是上一层的平台，供藏民晾晒谷物之用。（图Ⅰ-7 藏族碉房）

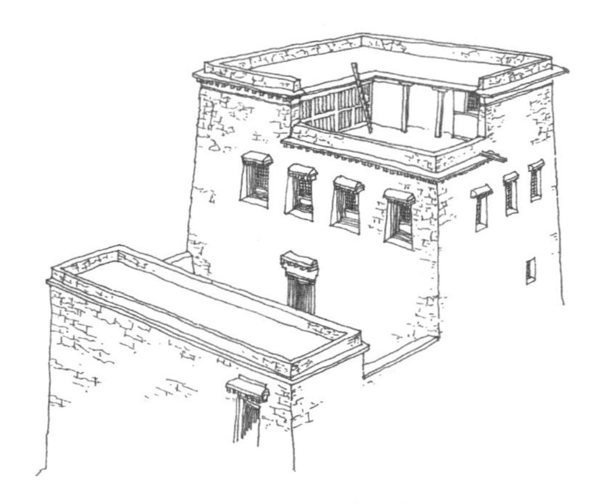

图Ⅰ-7 藏族碉房

3. 高台式民居

高台式民居以维吾尔族民居为代表。新疆维吾尔自治区地域广大，自然环境差异很大，各个地区的民居形式有所不同，基本可以划分为两个类型：一种是以砖、土坯外墙和木架密肋组成的混合结构住宅，此类形式主要分布在气候干燥而温和的喀什和和田地区；另一种则为设有地下室和半地下室的土拱式住宅，这类住宅主要分布在严寒和酷暑交替的吐鲁番地区。在伊犁地区，由于木材丰富，常用木材修建住房，形成另一种维吾尔族民居形式。

典型的维吾尔族民居平面为封闭的院落住宅，房前有宽敞的外廊，并设有平台，形成一个可以待客、进餐、乘凉、露宿的室外庭院。(图Ⅰ-8 维吾尔民居)

图Ⅰ-8 维吾尔民居

4. 干栏式民居

干栏式民居以傣族为代表，其他民族，如壮族、侗族、苗族等也采用干栏式民居。傣族聚居地区气候炎热多雨，资源丰富，盛产竹木，故民居多以竹木为主要建筑材料，一户一幢，称为竹楼。

云南德宏傣家竹楼为长方形，楼下用竹篱围合，作堆放杂物之用，二楼横向用木板分隔，板外为堂屋，板内为卧室，一般为两间。堂屋外为前廊、晒台，上下用敞梯。（图Ⅰ-9 傣家竹楼）

图Ⅰ-9 傣家竹楼

三、传统民居形态特征

中国传统民居根植于大地，我们可以根据建筑底面与地形的相互关系，将民居建筑划分为地面式、地下式、架空式和临水式四大类。

1. 空间组合方式

汉族传统民居主要是木构架体系，以梁、柱、枋、檩、椽、榫卯、铰接成为框架式结构，墙体不承重。木构架分抬梁式、穿斗式或局部双步、三步梁架式。民居坡顶举折不大，各檩垂直距离相等，各层穿枋、抬梁以及抬梁上童柱也是等距，中柱前后位置对称并等高，房屋开间也是等距。由于中国传统民居构架具备模数化、标准化与预制装配化的优点，因而对房屋进深变化、平面分隔、上下分隔、接建扩建、各种形式悬挑，都具有极大的灵活性与适应性。

中国传统民居以外封闭而内开敞、自然景物与建筑内外结合为其特点，空间组合大致有以下特点：

(1) 区分主次——高大厅堂，重点装修。

(2) 区别内外——两进庭院，主人居内。

(3) 进出有序——由大门、外院、过厅经二门进内院，升阶入正房正厅。外部空间有开合、转折、升降的变化，有影壁、屏门、廊、隔扇的间隔与引导，使有限空间在视觉上得到扩大与加深。

(4) 扩大空间——在固定宅地上，增加楼层，多用悬挑，争取更多使用空间。

(5) 重视过渡——充分利用挑廊、凹廊、回廊、晒台、门厅、过道、过厅、敞棚、内巷道、外室、外院等内外过渡空间。

(6) 重视环境——注意外借周围景色并美化、绿化周围环境。

(7) 争取自然——在庭院与天井内培育自然生物，添设花园、果圃。

(8) 保持私密——分间、分房、分院，即使在大院与土楼中也保持夫妻子女独立生活空间。

(9) 专运交通——大门之外设后门、私用码头，解决厨房、厕所及有关生产生活的交通运输。

2. 平面布局方式

(1)北方民居代表类型：

北京地区以四合院为基本类型，特点是多进院落式。大型者为王府或大宅第，乃多进院落式宅居的组合体。

东北大院也是合院式住宅，平面为“一正四厢”格局，各宅屋用前廊相连，院落较大，前院多为停车马的场所。

西北合院民宅平面布局最大特点是院落为窄长形，即南北长，东西窄。这种模式的形成原因：①夏季可以遮阳避晒；②防阻西北方向吹来的风沙；③当地人口稠密，地少人多，用地紧凑。

(2) 南方民系民居代表类型：

越海民系民居以江苏南部和浙江地区为主，中心地带是环绕太湖周围的苏州附近地带，其民居代表性平面类型是苏州民宅。

闽海民系分为六个地区，由于福建地区山多，民居类型丰富且各有特色，总的来说属于中庭式民居基本类型。

粤海民系民居的平面基本类型是三间两廊式，在城镇中发展就成为竹筒式民居。

湘赣民系的民居平面基本类型有排屋型和中庭型。

客家民居集中在粤闽赣山区，采用封闭式大院建筑，如福建土楼、江西围屋。

3. 造型手法

传统民居造型具有朴素、自然、群体化的特点。

(1) 用出挑、加坡、转角、局部楼层、屋面变化等手法，使简单方正的单体变成丰富、活泼、复杂的形式。

(2) 利用山坡、溪流等复杂地貌，使单体与群体民居形成相互衔接，高低错落，水陆并举的有联系、有变化、有气势的整体。

(3) 以方正的三合、四合院为单元，横向、纵向联合，强调均衡对称，构成有主从、有次序的大院。

(4) 在封闭式院落中，变化封火墙头，或层层迭落，或波浪起伏；彩绘墙头，装饰墙角，虽封而不死。

(5)利用不同材料的色彩与质感，丰富民居外观，不仅灰瓦、白粉墙、木料本色与石块基础显示出民居的淡雅情调，即使同是红砖、青瓦，亦因横置竖放、凸凹拼摆的不同而能收到变化多样的效果。

(6) 使用凸凹、虚实、轻重的变化，用凹廊、透窗、悬山、腰檐、天窗、烟囱、封火墙、门窗、檐廊、轻质隔断等手段，使民居富有光影明暗。

(7) 综合运用各种艺术手段，如书法、绘画、雕塑等，丰富民居的艺术造型与内涵。

四、传统民居营建

1. 地面式传统民居营建手法

地面式传统民居建筑广泛地分布在全国各地，表现形态各异，营建手法主要有以下几种。

(1)提高勒脚——提高勒脚是利用毛石、夯土将房屋四周的勒脚提高到同一水平高度。作为房屋基底的一种简洁有效的处理方法，适用于地形坡度较为缓和而局部高低变化多，地面崎岖不平的地形环境中。

(2)筑台——筑台是对天然地表进行开挖和填筑，使其成为平整的台地。这样的方法适合于坡度平缓、较为开阔的地形环境中，通过稍加挖填，形成台地，然后在平整的台地上布置房屋。可以一进院一层台，也可以两进院一层台，形成高低错落有致、参差变化的建筑形态。

(3)错层——错层是为了尽量适应地形坡度变化，使建筑底面与地形表面尽量吻合，同时也为了尽量减少土石方量，适合于地形较为复杂的坡地环境。建筑依山就势，山坡台地与建筑楼层相互之间错半层，在房屋进深方向形成两个不等高的楼面，错层靠室内台阶和楼梯连接，房屋屋顶参差错落，与地形环境融为一体。

(4)迭落——迭落是以开间或整个房屋为单位,顺坡势段段迭落,形成阶梯状布置的一种处理方法。迭落的间距和高差可以随地形不同而进行调整,对地形坡度的适应能力较强,在建筑形态上表现为屋顶高度逐渐下降,体形迭落有致,是适应复杂地形的建筑方法。

2. 地下式传统民居营建手法

地下式民居始于人工穴居、半穴居时期,有悠久的历史。黄河流域中部的西安半坡原始部落遗址上,就发现了大量的六千年前的半穴居住房。在黄土高原,至今仍存在大量的地下窑洞民居。

下沉式窑洞大多建在黄土塬上,没有山坡、沟壑可以利用。当地人利用黄土直立边坡稳定的特性,就地挖一个方形地坑(竖穴),然后向四壁挖窑洞(横穴),形成四壁围合的天井院。院子一般深 7～10 米,自然光线充足,冬天避风,夏天遮挡强光。

3. 架空式传统民居营建手法

架空式传统民居多分布在我国西南地区,适合于西南地区地形高低悬殊、崎岖不平及陡坎、悬崖、急坡多的山区地形特征,同时考虑通风、防潮、排洪等因素。架空式民居多采用吊脚、悬挑、干栏三种处理手法。

(1)干栏——干栏式民居是用柱子把建筑全部托起,形成透空的下层,不仅是为了适应地形,更主要的是为了避潮、加强通风、防止野兽蛇虫的侵袭。干栏式民居以支柱与地面连接,避免了对地基的挖填方,完整地保留了原有地形形态。

(2)吊脚——吊脚式民居虽然下部也架空,却是一部分用柱子撑起,一部分搁置在山坡、悬崖之上,主要是为了适应地形,巧妙利用地形,争取居住空间。吊脚楼可以通过柱子长短来调节,使民居应付不同坡度的复杂地形。

(3)悬挑——悬挑是传统民居中采用木梁或者条石的悬臂形成出挑,以争取建筑空间、扩大使用面积的一种手法,包括居室出挑、走廊出挑和阳台出挑等。悬挑常用于建筑受到坡度、街巷、经济等因素制约、底层所占面积不大的情况。

五、传统民居装饰与装修

民居建筑装饰依附于实体或构件之上,起保护作用,是建筑造型的发展与深化。

装修主要指室内木质的构件与小品,包括门窗、隔断、屏罩、家具等,有实用价值,也有艺术欣赏价值。装修通常和装饰结合在一起,使建筑空间效果更加丰富和完美。

传统民居装饰与装修充分利用材料的质感进行艺术加工,同时恰当地选用传统的绘画、雕刻、色彩、图案、纹样以及书法、匾额、楹联等多种艺术形式，从而达到建筑风格和美感的协调与统一。

1. 民居装饰装修原则

民居的装饰装修不仅是为了艺术表现，而是尽量从实用出发，在满足功能的基础上进行艺术处理，使功能、结构、材料和艺术达到协调统一。如屋顶上加灰塑、陶塑等脊饰，可以防风防雨；山墙装饰能加强防风防火；室内采用屏、罩、隔断等木雕装修，有利于通风采光，又能分隔空间。

一般来讲，建筑的外部用砖、石、陶、瓷等材料装饰，檐下或室内则多用木、灰、泥等材料，避免潮湿和日晒，以保证构件的耐久性和色彩鲜艳。

石材质坚耐磨，适合于做受压构件，如柱、柱础、台阶、栏板等构件多用之。其外表面通常加以雕饰，呈现出刚中带柔的气质。砖是承重材料，具有防火防潮的优点。用砖做装饰材料适合于室外部位，如墙面、墀头和照壁。

木雕是传统建筑中的结构材料，也是室内装修和家具的主要材料。木材构件施以雕饰，既实用又美观；外表面施以油漆彩画，可以保护木材，使之具有防水、防潮、防腐、防虫的功效。

2. 民居装饰装修重点

民居中的大门入口、屋脊、檐下、照壁、墙面、栏杆、室内装修和家具等，是装饰装修的重点部位，无论在装饰的题材、工艺、用料、色彩和尺度上，都采取突出和隆重的做法。

大门入口的石雕，墙体壁面的砖雕，屋脊上的灰塑、陶塑、木雕，都是室外常用的装饰品种。在室内，利用屏门、隔扇、槛窗，套以彩色玻璃，用人物、山水、花鸟、书法等木雕、彩描装饰，构成绚丽明净的室内环境，形成一种清新古朴的氛围。

3. 民居装饰题材

民居建筑装饰大多富有浓厚的伦理色彩，采用吉祥瑞庆的内容，如民间神话、戏剧故事，或是珍禽异兽、奇花名卉等。题材选用历史故事、民间传说等，以达到道德教化的目的。如用桃园结义教人以仁义忠厚；岳母刺字、木兰从军等宣扬精忠报国；用八仙祝寿、牛郎织女、将相和等戏剧来褒扬孝悌忠信和祈求吉祥；用梅、兰、竹、菊来表现怡情养性；用龙、凤来祈望富贵荣华等。有的还用福、富、喜、寿等字绘成图，表现人们生活中的审美情趣和艺术追求。

上篇　魅力乡村

第一章　塬上土窑

黄土高原

黄土高原是世界最大的黄土沉积区，位于中国中部偏北，东西千余千米，南北700千米。包括太行山以西、青海省日月山以东、秦岭以北、长城以南广大地区，跨山西省、陕西省、甘肃省、青海省、宁夏回族自治区及河南省等省区，面积约40万平方千米，海拔1500～2000米。除少数石质山地外，高原上覆盖深厚的黄土层，一般厚度在50～80米，最厚达180米。

黄土颗粒细，土质松软，含有丰富的矿物质。盆地和河谷农垦历史悠久，是中国古代文明的摇篮。但由于缺乏植被保护，加之夏雨集中，且多暴雨，在长期流水侵蚀下，地面被分割得非常破碎，形成沟壑交错其间的塬、墚、峁，是我国乃至世界上水土流失最严重、生态环境最脆弱的地区之一。

黄土高原地区属温带大陆性季风气候，冬春季受极地干冷气团影响，寒冷、干燥、多风沙；夏秋季受西太平洋副热带高压和印度洋低压影响，炎热、多暴雨，年平均降雨量为466毫米，从东南向西北递减。西北部为干旱区，中部为半干旱区，东南部为半湿润区。半湿润区主要包括河南西部、陕西关中、甘肃东南部、山西南部。半干旱区主要包括晋中、陕北、陇东和陇西南部等地。干旱区主要包括长城沿线以北，陕西定边至宁夏同心、海原以西，风沙活动频繁。

黄土高原是世界上四大文化起源地之一。位于宝鸡市的岐山与扶风之间的周原为周人的发祥地。1976年在岐山县凤雏村发现了一组大型西周建筑基址，面积1469平方米。建筑物的布局以门道、前堂、过廊、后室为中轴，东西配置厢房，形成一个前后两进、东西对称的封闭式院落，在中国古代建筑发展史上占有特殊地位。

窑洞民居

窑洞民居历史悠久，在漫长的岁月中，穴居——这种独特的居住形式，伴随着人类文明和社会发展，因适应人类居住生活要求，一直沿用至今。西北黄土高原上广泛分布的窑洞，正是这种“穴居式”的民居。根据考古和历史文献资料，窑洞民居形式可以追溯到四千多年前。

窑洞民居区按其所处的地理位置，大致可以分为六个区：①陇东窑洞区：大部分在甘肃省东南部与陕西省接壤的庆阳、平凉、天水地区，陇东黄土高原一带；兰州、定西也有少量窑洞民居。庆阳地区的窑洞民居曾占本地各类房屋建筑总数的83.4%。②陕西窑洞区：主要分布在秦岭以北大半个省区。按自然地貌、类型，还可细分为渭北窑洞、陕北窑洞。米脂农村曾经有80%～90%的人家以窑洞为家。③晋中南窑洞区：分布在山西省太原市以南的吕梁山区，其中以介休、闻喜、临汾、霍县、浮山、平陆县等最为密集；雁北大同一带也有少量的土窑洞分布。④豫西窑洞区：河南省大部分窑洞分布在郑州以西，伏牛山以北黄河两岸范围内，最多的地区是巩县、洛阳、新安、三门峡及灵宝等地。巩县曾经有50%的农户住窑洞，其中居住在下沉式窑洞中的人数约有20万。⑤冀北窑洞区：主要是在河北省西南部，太行山区东部的武安、涉县等地区。⑥宁夏窑洞区：主要在宁夏东部的固原、西吉和同心县以东的黄土原区。（图1-1 中国窑洞民居分布 侯继尧）

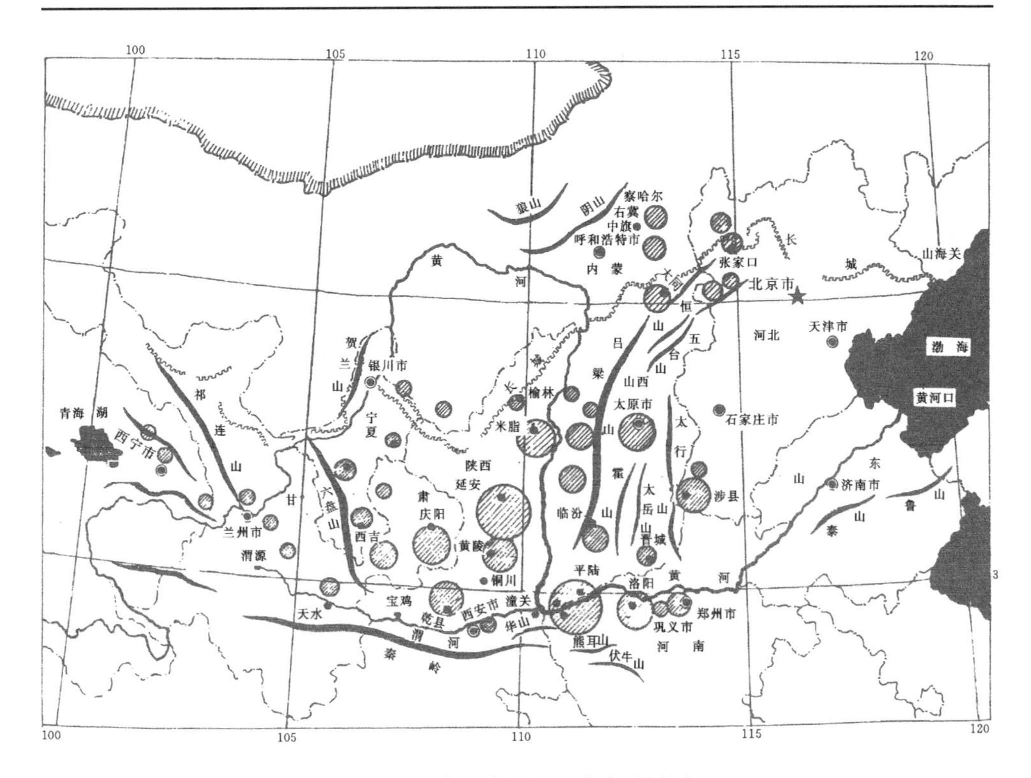

图 1－1　中国窑洞民居分布 侯继尧

一、窑洞民居类型

虽然六大窑洞区受各自所处的自然环境、地貌特征和地方风土的影响，但从建筑布局和结构形式上看，可以归纳为以下三种基本类型：靠崖式、下沉式（天井院）和独立式。（图 1－2 窑洞民居基本类型 ）

1. 靠崖式窑洞

靠崖式窑洞多出现在山坡、黄土原边缘地区。窑洞边缘靠山崖，前面有较开阔的川地，很像是靠背椅的形式。因为窑洞依山靠崖，必然是随着等高线布置，所以窑洞常呈现曲线或折线型排列，这样既减少了土方量又顺于山势，取得谐调美观的建筑效果。根据山坡面积的大小和山崖的高度，可以布置几层台梯式的窑洞：为了避免上层窑洞的荷载影响底层窑洞，台梯是层层后退布置的，形成底层的窑顶就是上层窑洞的前庭。

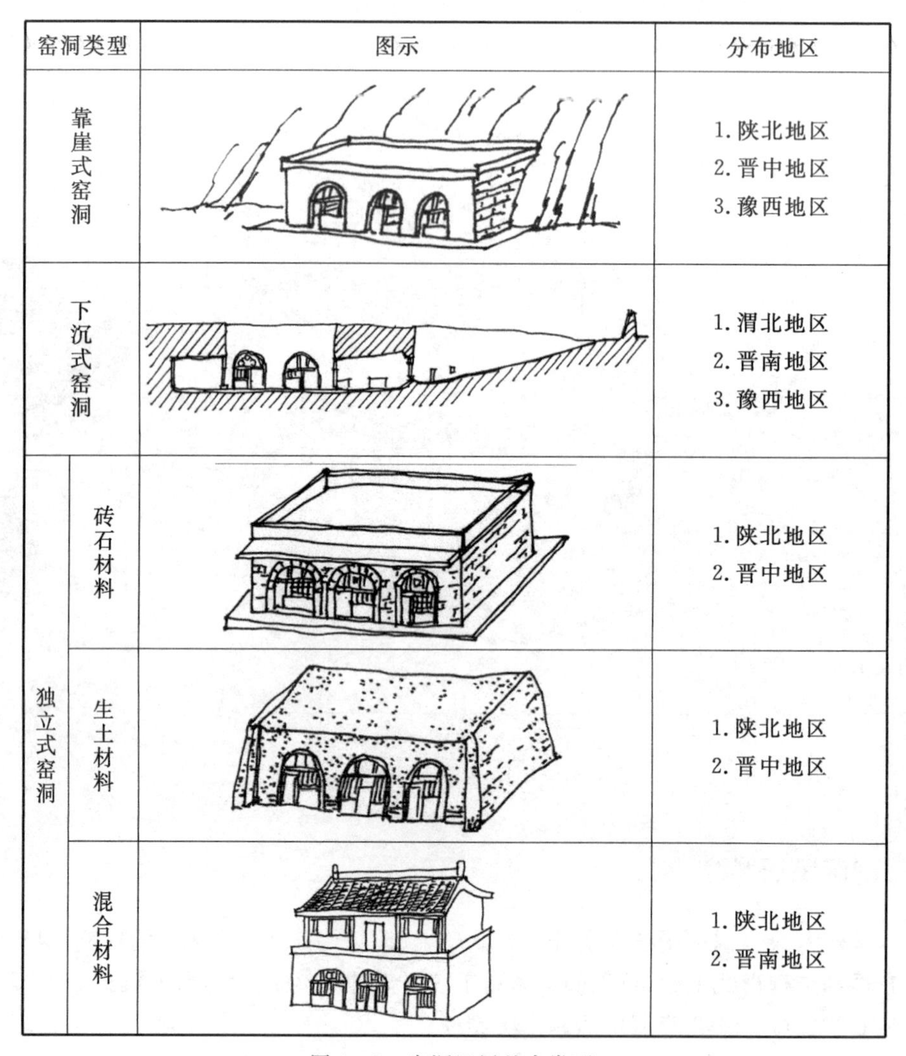

窑洞类型		图示	分布地区
靠崖式窑洞			1. 陕北地区 2. 晋中地区 3. 豫西地区
下沉式窑洞			1. 渭北地区 2. 晋南地区 3. 豫西地区
独立式窑洞	砖石材料		1. 陕北地区 2. 晋中地区
	生土材料		1. 陕北地区 2. 晋中地区
	混合材料		1. 陕北地区 2. 晋南地区

图 1-2　窑洞民居基本类型

靠崖式窑洞的变体是沿沟窑洞，这是在冲沟两岸崖壁基岩上部的黄土层中开挖的窑洞，或就地采石箍起的石窑洞。因为沟谷较窄，窑洞前面不如靠山窑洞开阔，也正因为如此，有避风沙的优点，太阳辐射较强，可以调节小气候，使窑洞内冬季较暖。

2. 下沉式窑洞

下沉式窑洞是在黄土原区干旱地带，在没有山坡、沟壁可利用的条件下建筑的地下民居。下沉式窑洞巧妙地利用黄土直立边坡的稳定性，就地挖一个方形地坑

(竖穴),形成四壁闭合的地下四合院,或称天井院,然后再向四壁挖窑洞(横穴)。

下沉式窑洞在河南称“天井院”,甘肃称“洞子院”,山西称“地阴院”或“地坑院”,陕西渭北俗称“地顷窑庄”。从分布上看,陇东庆阳地区中南部的董志原、早胜原等原区最多;陕西渭北一带的永寿、淳化、乾县等地比较集中;山西主要是在运城地区的平陆县,芮城县;河南是在巩县以及洛阳的邙山地区。

天井院尺寸一般有 9 米×9 米和 9 米×6 米的两种。9 米见方的天井院每个壁面挖两孔窑洞,共 8 孔,在陕西的渭北俗称“八卦地顷窑庄”;9 米×6 米的长方形天井院挖 6 孔窑洞。两种天井院均以其中一孔窑洞做门洞,经坡道通往地面。门洞、坡道的布置形式和标高因地制宜,灵活变化而形成多种类型的入口布置。天井院内设渗井或水窖、鸡舍、牛、羊洞舍等,院子地坪标高一般比原面(窑顶)低 6～9 米。

修建下沉式窑洞必须选择在干旱、地下水位较深的地区,并且要做好窑顶防水和排水防涝措施。当地农民将窑顶碾平压光,以利排水,只作打谷场用而不种植,因此存在着每户窑庄占地多的问题,一般每户天井院占地 0.8～1.5 亩。

3. 独立式窑洞

在黄土丘陵地带,土崖高度不够,在切割崖壁时保留原土体作窑腿和拱券模胎,砌半砖厚砖拱后,四周夯筑土墙,窑顶再分层夯土 1～1.5 米厚。实质上是用人工建造成土堡式窑洞。这种窑洞除砖拱用少量的砖外,主要材料仍为黄土。

在陕北窑洞区内,由于山坡、河谷的基岩外露,采石方便,当地农民因地制宜,就地取材,利用石料,建造石拱窑洞。因为其结构体系是砖拱或石拱承重,无需再靠山依崖,即能自身独立,形成独立式窑洞。又因为在石拱顶部和四周仍需掩土 1～1.5 米,所以不失窑洞冬暖夏凉的特点。因为石窑洞四面临空,俗称四明头窑,可以灵活布置,还能造窑上房或窑上窑、三合院、四合院的窑洞院落。

二、窑洞民居建筑特点

窑洞民居在很大程度上受该地区社会因素和自然条件影响。从黄河中游的甘、陕、晋、豫四个省来看,甘肃庆阳地区比较贫困;陕西关中的渭北较为富庶,陕北人少地多,农民生活基本达到小康;山西的临汾、运城地区土地较广,人口密度也小;河南的巩县、洛阳人口稠密,历史上战乱较多。反映在窑洞民居上:庆阳窑洞简朴、原始;陕北的窑洞讲究格局、注重装修;山西窑洞注重规划,也考虑外形美观;河南窑洞门窗小并都有砖砌窑脸、女儿墙披水和围墙,考虑防御要求。(图 1－3 窑洞立面构成)

图 1-3 窑洞立面构成

1. 窑洞平面组合

陇东窑洞平面组合比较简单，多数为单孔窑形式，也有两孔窑呈直角形式组合的。山西窑洞的组合则比较复杂，既有单孔窑形式，又有两孔并联，有一孔通道窑联结和三孔并联，以三孔并联最为常见，称为“一明两暗”窑洞，也叫“一堂两卧，”与当地的传统生活方式与风俗习惯有关。(图 1-4 窑洞平面)

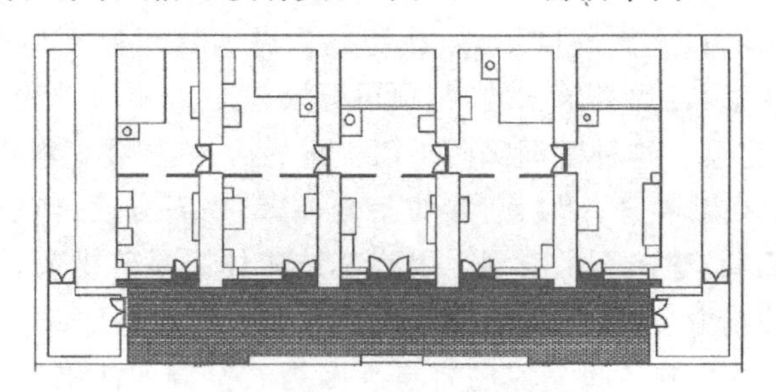

图 1-4 窑洞平面

2. 窑洞的空间组合

各地都有两层窑洞，在陇东称为“高窑子”，在河南称为“天窑”。上、下两孔窑，往往是上面的窑洞小，下面的窑洞大，这在河南比较多见。有上下窑修在同一条垂直轴线上，也有错开轴线的。两孔上下窑的垂直联系，有的是靠室外踏步或木梯，也有靠室内梯子联系。

3. 窑洞尺寸参数

由于各地区自然条件不同，如降雨、土质和地震因素，使得各地区的单窑尺寸与窑洞组合尺寸不尽相同。

(1)在窑洞跨度上，陇东地区的传统作法为“窑宽一丈”，即跨度为 3.33 米；陇西地区一般跨度为 2.7～3.4 米，最大的为 4.2 米；庆阳地区一般跨度为 3～4 米，最大的为 6 米。

陕北地区的传统作法也是“窑宽一丈”，有 2.4 米、3.3 米、3.6 米、3.8 米几种尺寸。

晋北窑洞跨度较小，晋中与晋南的窑洞跨度较大。晋南窑洞跨度在 2.5～3.5 米之间，以 3 米左右最为普遍。

河南窑洞传统作法有三种，即”八五窑”，跨度为 2.8 米；“九五窑”，跨度为 3.2 米；“一丈另五窑”，跨度为 3.5 米。

(2)在窑洞深度上，陇东窑洞深度一般为 5～9 米，最深的为 27 米；陕北窑洞深度一般为 7.9～9.9 米，最深的有 20 米；山西窑洞深度为 7～8 米，有“窑深二丈”之说；河南窑洞深度在洛阳地区为 4～8 米。各地较深的窑洞中都设内隔墙，把窑洞居室划分为内、外间，内间作贮藏用。

(3)在窑洞高度上，陇东窑洞高度传统作法为“窑高丈一”，即 3.6～3.7 米高，一般为 3～4 米高，最高窑洞高度为 6.7 米；陕北窑洞为 3～4.2 米高；晋南窑洞为 3.2～3.6 米高，也有“窑高丈一”和“窑高丈五”之说；河南洛阳窑洞高度为 3.4～4 米，室内外地坪高差为 30～45 厘米。

(4)在覆土厚度上，民间有“窑洞多高，窑顶土就有多厚”之说。一般窑顶土层都在 3 米以上。陇西地区窑洞的覆土厚度为 5～16 米，最小为 3 米；陕西省宝鸡地区窑洞覆土厚度一般大于 5 米；米脂地区窑洞覆土厚度一般为 5～8 米。

4. 窑洞的内外装饰

窑洞民居的室内外装饰，由西向东表现为由粗犷到精细，由比较简单到有所装饰。陇东窑洞多为土崖面，土窑脸，原土内墙抹白；陕北、山西、豫西窑洞多为砖窑脸，草泥白灰粉内墙，室内外装饰水平有了提高；晋南窑洞与豫西窑洞普遍都是砖砌崖面，并有装饰性护崖檐口处理；豫西下沉窑洞中的出入口坡道往往是砖铺斜坡道或者是礓礤，比陇东地区下沉式窑洞中的土斜坡道的处理水平有了很大的提高。(图 1－5 窑洞门窗造型)

图 1－5　窑洞门窗造型

(1)女儿墙的装饰——河南豫西窑洞民居中，重视护崖墙、女儿墙及坡道的处理。女儿墙是防止地面行人失脚跌入的维护措施。民间的构造作法多用土坯、砖砌花墙、碎石嵌砌等。

护崖檐是为了防护雨水冲刷窑面(崖面)在女儿墙下沿作的一围瓦檐。有一叠和数叠的作法,用木挑檐或砖石挑檐上卧小青瓦组成。每叠的高低尺度颇具匠心,很有节奏感,是装饰窑洞民居的重要手段。在陇东和渭北地区,由于气候干旱,一般不需在崖头上作护崖墙,仅作一稍高于原面的土坡。有时种植一些盘根的蔓生植物和黄刺梅、骏枣树、迎春、连翘等,起着防护作用。生长繁茂的树丛立在崖头,自然多姿的影子更能体现出田园风趣。

(2)挑檐与窗饰——挑檐是与女儿墙的花饰联在一起设计的。石板挑檐多用于陕北窑洞中;砌石的封檐在陕北和郑州地区的窑洞中也广泛应用。

窗洞与窗饰是陕北窑洞民居中最讲究的装修部位,特别是在陕北的延安、米脂、绥德一带,窑洞满开大窗,有时一组三孔窑洞,窗棂花饰每孔不同。

(3)门楼、坡道与围墙——门楼一直是传统民居的重点装饰部位,窑洞民居也尽可能修建门楼,以重观瞻。

三、窑洞院落与村落

1. 窑洞院落

纵观各地窑洞院落组成与布局,就靠山崖窑而言是大同小异的。一般都是沿山坡或沿沟的地势而建,或一层,或两层,或多层,组成开敞院,二合院、三合院、四合院,或筑围墙,或与平房相结合。(图 1-6 窑洞民居院落　任芳)

图 1-6　窑洞民居院落　任芳

下沉式窑洞院落却各有特点。陇东的下沉式窑洞院落占地较大,最常见的是窑洞数目呈 3—3—3—3 的四合院。阴面有一个斜坡通道窑作为上下出入口。不少院子又分为上下两个院落，上面为麦场院或房院，下面为下沉窑洞院。还有些下沉式大院落中住着两户、四户、六户甚至十几户人家，即在大地坑中又分为若干院子。

陕西长武、乾县一带，下沉窑洞院占地稍小，约 9 米见方，以 2—2—2—2 窑洞组合的四合院为多。

山西晋南常见到 3—2—3—2 窑洞组合的四合院。在平陆、芮城一带，尚有不少串联式下沉窑洞院，俗称串洞院，有两院串联，也有三院串联的，类似传统民居中的两进院、三进院形式。

在河南洛阳邙山地区，以 3—3—3—3 窑洞组合的四合院居多，上下出入通道均是敞开式的曲尺形，用礓石或砖筑成斜坡道。巩县则多是矩形的下沉式窑洞四合院，采用 4—2—4—2 窑洞组合形式。

2. 窑洞村落

由窑洞民居组成的窑洞村落，主要是崖窑村落，下沉式窑洞村落和拱窑村落，分别表现了各自的特点。

在黄土沟壑、梁峁区所形成的靠崖式窑洞村落在建筑构图上呈现台阶型，具有装点美化环境的作用。窑洞村落沿地形变化，随山就势。立体的山村，于宽阔平坦的浅谷之中，村前自有阡陌，修竹翠柳沿溪流而伸展，枣林柿树杂陈原上，路径串连着错落有序的窑洞，曲折多变的多层窑洞群从不同角度表现出了窑洞的群体美。

崖窑村落有集中布局的，也有分散布局的，但各地的靠崖窑洞村落布局方式很相似。一般多随山就势，或沿沟分布，形成带状村落，窑洞与平房建筑相结合。如庆阳地区西峰镇附近有长达 1.3 千米的靠崖村落；陕西长武县城关、南关有集中居住着 70 多户村民的沿沟式崖窑村落；延安枣园窑洞山村，多层次的窑洞群，组成十分壮观的村景。（图 1－7 阶梯型村落）

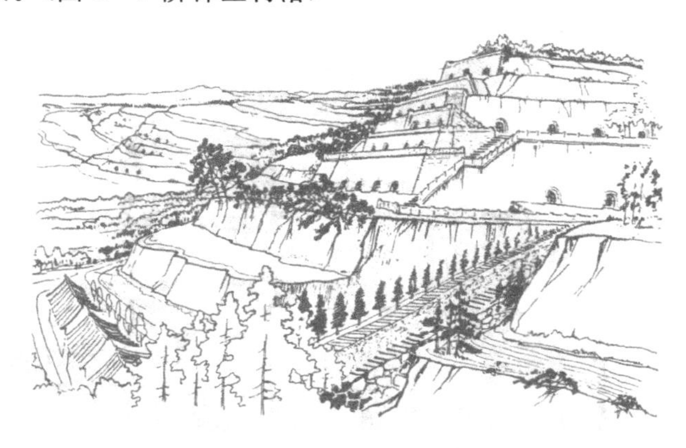

图 1－7　阶梯型村落

在黄土原中形成的下沉式窑洞村落在建筑构图上是潜掩型空间。虽然窑洞建筑本身在群体上看不见体量空间，但在黄土原上登高鸟瞰，则会发现一幅奇丽的图景。棕黄色的黄土原上星罗棋布着一个个下沉式院落；在缓缓的丘陵上，土围墙的影子勾画出几何形体的格子，很富于建筑韵律感。

各地下沉式窑洞村落布局各有特点。陇东地区的下沉式窑院多呈星座状分布；甘肃庆阳窦家壕村的下沉式院落，形成了一条地下街巷。对面崖壁上毗连地布置了5户窑家，每户都设有门楼、围墙，并种植果树。在山西平陆县槐下村还有经过规划的15个下沉院整齐排列，组成窑洞村落。在河南巩县有由20多个并列的下沉院组成的窑洞村落；在洛阳邙山约有200多个下沉院组成的窑洞村落，或星座状布置，或成排成行布置，赭黄色的崖面，草泥窑脸，连续的窑洞掩映在浓郁树影之中，给人以自然、朴实、静谧之感。

豫西地坑院

20世纪初，德国人鲁道夫斯基在《没有建筑师的建筑》一书中最早向全世界介绍了中国的窑洞。书中刊载了4幅窑洞村落照片，并对这种窑洞建筑进行了评价"大胆的创作、洗练的手法、抽象的语言、严密的造型"。照片的拍摄地就是三门峡的地坑院。

河南省陕县的陕塬上，星罗棋布的村庄中散布着数以万计的奇特民居——地坑院，是豫西地区特有的一种民间建筑类型，被称为中国北方的"地下四合院"，距今已经有数千年的历史。作为一种古老而神奇的民居样式，地坑院蕴含着丰富的文化、历史和科学积淀，是古代劳动人民智慧的结晶。（图1－8 地坑院村落）

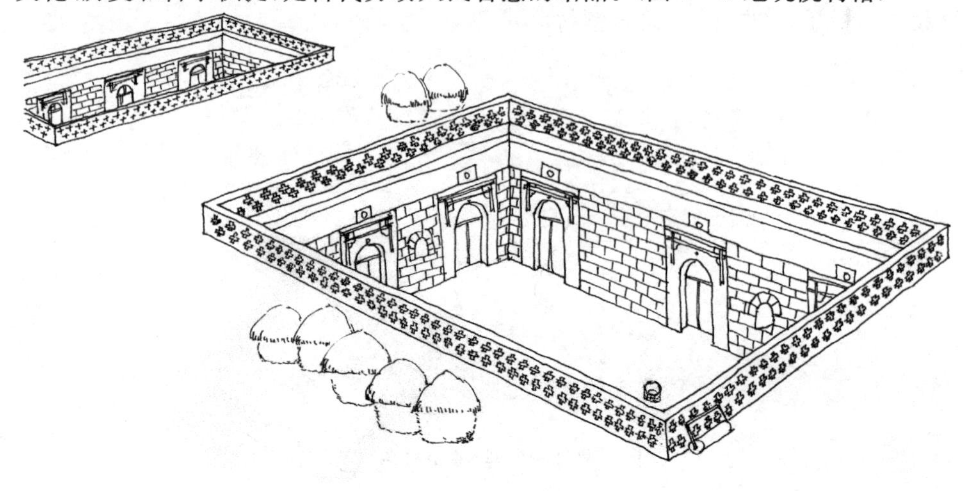

图1－8　地坑院村落

一、地坑院的历史渊源

地坑院是穴居方式发展到晚期在黄土高原地带形成的独特的、成熟的民居样式之一。早在五千多年前，豫西黄土塬地区就出现了原始耕作，是我国古代农业中心之一，也是我国文明早期发祥地区。

地坑院一度在豫西、晋南、渭北、陇东尤为集中，是黄土丘陵地区较普遍的一种民居形式。随着时代的变迁，其存在的地域逐渐缩小，现在保存比较完好的地坑院主要集中在豫西地区的陕县塬上。地坑院之所以能在豫西地区具备一定的生命力，与豫西地区特殊的地质与气候条件是分不开的。

首先，陕县塬区黄土层堆积深厚，一般在50～150米。黄土主要以石英和粉砂构成，少数地带黄土层里夹杂有很薄的料礓石，土质结构十分紧密，具有抗压、抗震、抗碱的特点。因此，这里凿挖的窑洞，坚固耐用，据说最久的天井窑院已使用200年以上，至今仍有人居住。

其次，这里地下水位较低，一般在30米以下。

第三，豫西地区属于半干旱性气候，陕县的三大塬区十年九旱，降雨量偏少，很少有大暴雨，即使偶遇洪涝，由于平塬三面都是沟壑，雨水出路通畅，一般不会殃及天井院落，这些都为地坑院这种建筑形式提供了得天独厚的条件。

除了自然条件因素，社会经济状况也是地坑院形成的主要原因。在相当长的历史时期，黄河中游黄土台塬上的先民一直相当贫困。地坑院结构简单，所用建材少，建筑成本低，只需要自家的劳力于农闲之时挥镢刨挖，便能在一年半载中建成一座窑院。但是地坑院发展最快、建造最多的时期，是在20世纪50年代到70年代。那时农村家庭子女一般都在5个左右，居所需求很大，但很少有人能建起砖瓦房屋，挖凿地坑院适应当时的社会经济状况。

二、地坑院建筑特征

地坑院的建造是先在平坦的土地上向下挖6～7米深、12～15米长的长方形或正方形土坑做为院子，然后在坑的四壁挖10～14个窑洞，工程量约二千个土方。窑洞一般高3米左右，深8～12米，宽4米左右，窑洞两米以下的墙壁为垂直，两米以上至顶端为圆拱形。其中一洞凿成斜坡，形成阶梯形甬道，拐个斜向直角通向地面，是人们出行的通道，称为门洞。

1. 地坑院形制

地坑院一般为独门独院，也有二进院、三进院，就是一个门洞与二至三个地坑院相连。地坑院有正方形和长方形两种，按八卦方位来分，可分为动宅和静宅两大类：动宅又称东四宅，包括以东为上的震宅，以南为主的离宅，以北为主的坎宅和以东南为主的巽宅。这类天井院多为长方形，长 14～18 米，宽 10～12 米，8～12 孔窑洞。静宅院又称西四宅，包括以西为主的兑宅，以西北为主的乾宅，以西南为主的坤宅和以东北为主的艮宅。这类天井窑多为正方形，边长约 12～16 米，深 7 米左右，开 10 孔窑。

地坑院的入口有直进型、曲尺型、回转型三种。门洞窑多数只有一道大门，也称为锁门，有的做两道门，分为大门和二门。旧时妇女的活动范围限定在大门内、二门外。门洞窑一侧挖一个拐窑，再向下挖深二三十米、直径 1 米的水井，加一把辘轳，就可以解决人畜吃水问题。

地坑院与地面的四周砌一圈青砖青瓦房檐，用于排雨水；房檐上砌高 30～50 厘米的拦马墙，也称女儿墙；拦马墙内侧有的还种些酸枣等灌木，在通往坑底的门洞四周同样也做这样的拦马墙。这些矮墙一是为了防止地面雨水灌入院内，二是为了人们在地面活动的安全所设，三是建筑装饰需要。（图 1－9　地坑院形制）

图 1－9　地坑院形制

2. 地坑院功能分区

地坑院内的窑洞分为主窑、客窑、厨窑、牲口窑、茅厕、门洞窑等，院内可以圈养牛、羊、鸡、狗等，人畜共居。窑洞内还可以再挖小窑洞，称之为拐窑，用于储藏杂物或用于窑洞与窑洞之间相连的通道。院顶地面用于打场、晒粮，院内存放粮食的窑洞顶部会开有直通地面的小洞，称作“马眼”。收获季节，可将晒干的粮食直接从马眼流入屋内放置的粮囤中。茅厕顶部也开有一个“马眼”，一方面可以通气，另一方面可以把晒干垫厕的黄土直接灌入窑内。

正对门洞向阳的一面为长辈居住的主窑，左右为侧窑。主窑为三窗一门，最高，其它窑为二窗一门，茅厕窑和门洞无窗无门。一般主窑为九五窑，即宽九尺，高九尺五寸；其它窑为八五窑，即宽八尺，高八尺五寸。

3. 地坑院辅助设施

地坑院内的排水和防渗是最要紧的事情。窑脸，即窑洞正立面除开有窗户外，均以泥抹壁，基座一般以青砖加固。院内地面四周砌一圈青砖。地坑院院心是在比院子边长窄 2 米左右的基础上再向下挖 30 厘米左右，并在其偏角，一般是东南角挖一眼 4～6 米深、直径 1 米左右的水井，井底下垫炉渣，上面用青石板盖上，为积蓄雨水及污水排渗之用。在有些地方，雨水沉淀后可供人畜饮用。（图 1－10 西兑宅平面 陆元鼎）

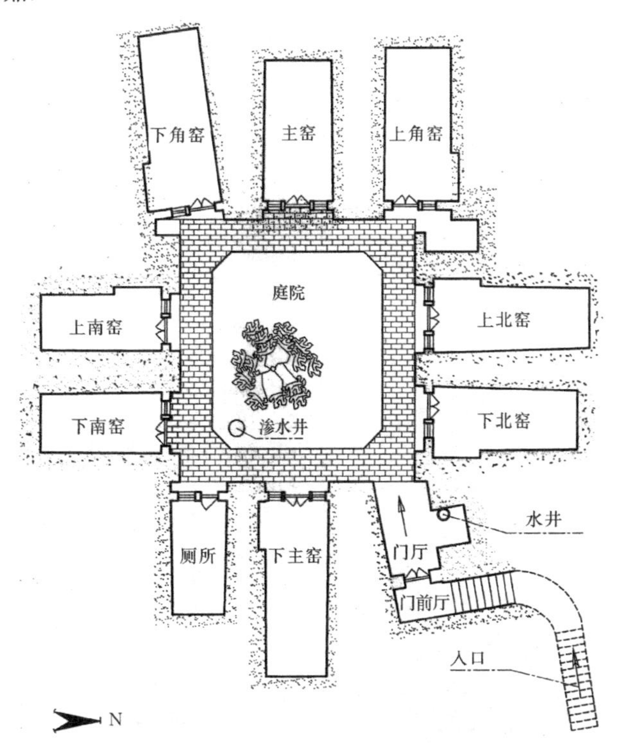

图 1－10　西兑宅平面　陆元鼎

地坑院窑洞内多用土坯垒成火炕，另有单独的窑洞做厨房、粮仓及鸡舍、牛棚。地坑院窑门多为一门双扇，以槐木、椿木为主材，多用黑漆带红线的色彩，在门的一侧留有锅腔和土炕的烟火道。窗户是方格形，裱糊白纸或安装玻璃，节庆时贴窗花。

地坑院中间地面通常还栽植 1～2 棵梨树、榆树、桐树或石榴树，树冠高出地面，露出树尖。“见树不见村，进村不见房，闻声不见人”，就是它的真实写照。

4. 地坑院的装饰

地坑院窑洞外观和内部均朴实无华，装饰主要集中在窑洞窗户上。窗花是地坑院民居最富色彩的装饰，也是传统民俗的主要组成部分。窗花多出于妇女之手，制作过程很精细，分为画、剪、薰、染、贴五个步骤。要先画出样子，然后把画好的花用剪刀裁下来；把剪好的花样贴在一叠窗纸上，放到油灯上薰过，再把图样取下来，便露出白花黑底来，这样可省去描摹的手续；接着是染，就是把剪好的花样涂上各种颜色，使线条分明；最后是将窗花贴在窗纸上。

旧时妇女生活局限于室内的家务琐事，其剪纸内容多为“喜鹊登梅”、“二龙戏珠”、“孔雀开屏”、“天女散花”，以及各种花、卉、虫、鱼、鸟、兽一类的图案，反映人物的多是胖娃娃。另外还有吉祥如意、富贵长久、六畜兴旺、五谷丰登、避邪镇妖等内容的图案。（图 1 - 11 地坑院门窗装饰）

图 1 - 11　地坑院门窗装饰

三、地坑院民俗特征

豫西地坑院建造十分巧妙，颇具匠心。从上往下看，整个窑院为方形，站在院中间看天空，天似穹窿，是天地之合的缩影，体现出方圆之美，是中国古代“天人合一”哲学思想的反映，是人与大自然和睦相处、和谐共生的典型范例。虽系农家小院，地坑院受历史、传统文化影响，其间既包含有科学的成分，也有不少的迷信观念。

1. 地坑院风水

地坑院建造动土之前要请风水先生“相宅”，造地形、定座向、量大小，下线定桩、择吉日破土。凡宅后有山梁大塬者，谓之“靠山厚”，所谓“背靠金山面朝南，祖祖辈辈出大官”；宅后临沟无依无托，谓之“背山空”，所谓“背无依靠，财神不到”。窑院破土之日，要行奠基礼，燃放鞭炮，宅主焚香叩拜土地神。随之在基址中央和四角各挖三锨，谓之“破土”，破土之后，即可动工。

地坑院的建造和使用十分讲究阴阳配合，五行相生相克。建造地坑院必须首先考虑宅主的“命相”，根据“相生”来确定建造什么类型的宅院。哪孔窑是主窑，哪孔窑作灶屋，哪孔窑开门洞等都不能随心所欲。

村民修建窑院前，“阴阳先生”会根据宅基地的地势、面积、围绕阴阳的八个方位，按易经八卦决定修建院落的形式。依据正南、正北、正东、正西四个不同的方位朝向和地坑院主窑洞所处方位，窑院分别被称作东震宅、西兑宅、南离宅、北坎宅。

东震宅为长方形，被认为具有最好的朝向。凿窑 8 孔，主窑为正东窑，东南为厨窑，西南窑、西窑为客窑，正南窑为门洞窑，西南角、西北角为五鬼窑(牲口窑)和茅厕。

南离宅也为长方形，凿窑 8～12 孔，正南窑为主窑，东南为厨窑，西南窑、西窑为客窑，东北角、西北角窑为五鬼窑和茅厕，正东为门洞窑。

西兑宅为正方形，凿窑 10 孔，正西为主窑，西南角为厨窑，西北角、北面窑及南面偏西窑为客窑，东南角、东面是五鬼窑和茅厕，东北角为门洞窑。

北坎宅为长方形，凿窑 8～12 孔，正北为主窑，厨窑为正东窑，东北窑为客窑或五鬼窑，西北窑、南窑为客窑，西南窑为客窑或五鬼窑，西南角窑是茅厕，东南为门洞窑。

2. 地坑院民俗

地坑院有“三要”，主窑、门洞窑、厨窑的位置很重要。窑洞倚窑口盘炕为“通灶炕”，有的窑盘前后双炕，前炕睡孩子，后炕睡老人。冬季烧火做饭、饭熟炕热。盘炕择日带“七”，尺寸长短也带“七”。如长六尺七寸，宽四尺七寸。“七”与“妻”同音，取意“与妻同炕，偕老百年”。

灶火的烟囱通过土炕通向地面，称烟洞。灶神祀奉厨窑里，对联写“上天言好事，回宫降吉祥”。

地坑院的门洞通道多用砖砌筑成阶梯形，门楼多用砖瓦精心砌筑，称“穷院子，富门楼”。（图 1－12 地坑院入口方式 ）

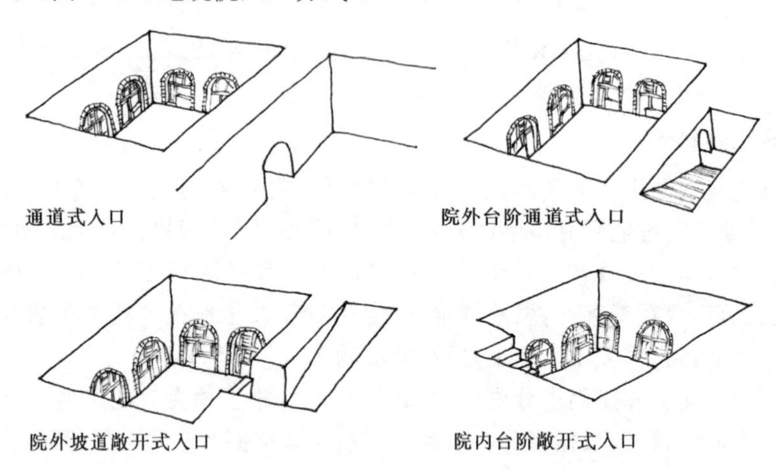

图 1－12 地坑院入口方式

地坑院种树要“前不栽桑，后不栽柳，当院不栽鬼拍手（杨树）”。因“桑”与“丧”同音，柳为丧仗用木，杨树树叶被风吹出的声音恐怖，均视为不吉。“前梨树，后榆树，当院栽棵石榴树”。因“梨”与“利”同音，榆树称为金钱树，石榴多籽（子），均取吉祥之意。门洞旁栽一颗大槐树，谓之“千年松柏，万年古槐”，寓意幸福、长久、安康。

 知识窗

城隍庙

城隍庙是中国唯一只有在城市中建立的神庙，是中国唯一由皇帝颁布命令每一座县级以上城市必须建造的庙宇。

城隍庙，起源于古代的水（隍）庸（城）的祭祀，为《周宫》八神之一。“城”原指挖土筑的高墙，“隍”原指没有水的护城壕。古人造城是为了保护城内百姓的安全，所以修了高大的城墙、城楼、城门以及城壕、护城河。古人认为，与人们的生活、生产安全密切相关的事物，都有神在，于是城和隍被神化为城市的保护神。

城隍庙在形成和发展的过程中融入了多重的文化和信仰，其在城市中的存在

的目的始终与人们的生活息息相关。

明太祖朱元璋明确规定城隍庙庙制及其等级、内部配置均比照官署。所以城隍庙与衙署建筑主轴线上的主要建筑、建筑空间的处理有许多的相似性。坐北朝南，以城隍庙南北中轴线为主，总体平面呈矩形布置。中轴线上布置着照壁、牌坊、山门、二门、戏楼、献殿、拜殿、寝殿。各院落中左右两侧均布置有厢房，基本依据前朝后寝的布局特色。多数城隍庙还建有主持房、道房、配房等辅助性用房。（图 1－13 陕西韩城城隍庙　王少聪）

图 1－13　陕西韩城城隍庙　王少聪

通常城隍庙殿堂面阔三到五间，进深三到四间，北方地区以抬梁式构架为主，前后檐柱对缝，柱网整齐，布局规矩。底层梁头多采用十字科斗拱，但在上部梁架上则多采用瓜柱，形式多样。斗拱多用七踩斗拱、五踩斗拱和三踩斗拱。面阔之间的平身科斗拱使用时多采用四攒或更少，攒较为疏朗。

殿堂梁架大都为彻上露明造，一般均加工为矩形断面，而后抹去四角，主要的殿堂梁架多为七架、五架，次要的配殿、厢房山门梁架多为三架。

城隍庙装饰类型主要有动物、植物、人物、器物等四大类，龙是城隍庙中使用较多的装饰图案。

雕刻装饰除用于屋顶瓦饰者外，多用于阶基、须弥座、勾栏、石牌坊、华表、碑碣、石狮等处。石质的台基和栏杆多用青白两色，砖雕主要用在屋脊、墙体下部、山面上部等，题材不外乎是动物或植物。

屋身柱子多用朱红色，梁柱斗拱及梁枋以上、瓦以下多用青绿紫作为主要色，青色彩画的位置和幽冷的色调均同檐下阴影相一致，使整个建筑气氛肃穆、富丽堂皇、灿烂夺目。

城隍庙前广场、沿街的外围空间具有多种用途：小商贩们兜售货物、定期的集市、节庆娱乐、民俗表演等。城隍庙的商贸娱乐功能使它在不同时间吸引多样化的人群为了各种目的而来。由于各种活动、多变的形式和不同的人群形成了一个具有丰富体验的混合带，场所因此具有了多样化的意义。

中国古时宗教常借助歌舞说唱吸引信徒，或借宗教节日举行集会以招来人流，又因庙宇地处交通要冲或市镇中心，往往在此形成市场，于是就出现了“庙会”。

旧时城隍庙是城镇重要的娱乐活动中心。庙会之时也是戏台说唱活动最热闹的时候。戏台说唱的祭祀性功能，引导了戏曲和寺庙的结合，同时寺庙的繁荣促进了戏台说唱的发展和进步。

第二章　客家堡垒

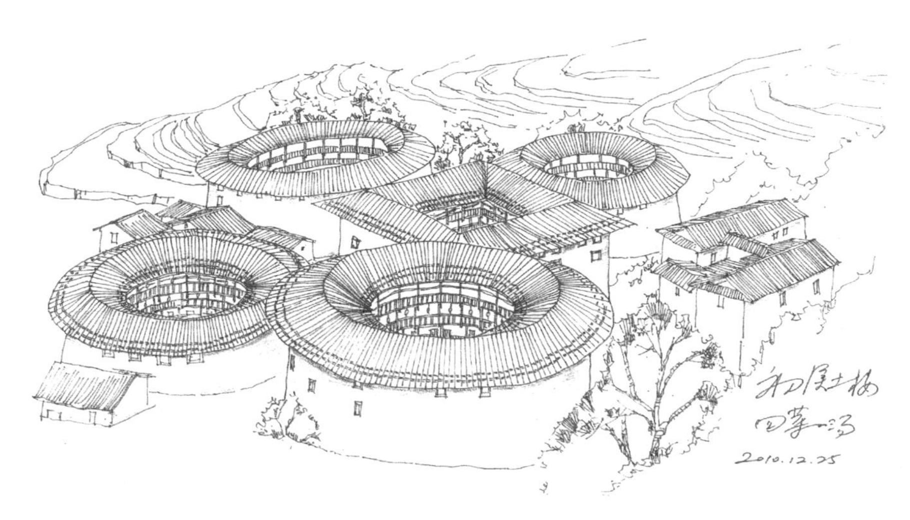

客　家

客家是具有显著特征的汉族分支族群之一，也是汉族在世界上分布范围广阔、影响深远的民系之一。从西晋永嘉之乱开始，中原汉族居民大举南迁，抵达粤、赣、闽三地交界处，与当地土著居民杂处，互通婚姻，经过千年演化最终形成相对稳定的客家民系。此后，客家人又以梅州、惠州、汀州等地为基地，大量外迁到华南各省乃至世界各地，旅居海外的客家华侨、港澳台同胞有 360 多万人，遍布世界 70 多个国家和地区。因此有人说：有太阳的地方就有中国人，有中国人的地方就有客家人。

传统观点认为，客家人“根在河洛”，在南宋时期，客家群体分化成为汉族的一个支系。就迁徙行为而言，客家迁移原因基本为四个方面：①耕地面积与人口数量的逆向发展；②战乱；③官职迁调定居；④游学、经商。

客家在迁徙和移转过程中，逐渐形成了数个客家聚居地，如福建宁化石壁是传说中客家民系形成的中心地域，“石壁”被称为“客家祖地”。梅州、赣州、汀州和惠州，则被称为“客家四州”。

江西赣州被认为是孕育客家民系的第一块热土、客家文化的摇篮；广东梅州有“世界客都”之称；福建汀州被认为是客家祖地；而惠州是客家民系的海洋文化的象征，是海外客家重要的故乡。

客家民居

客家民居是中国南方传统民居建筑的重要组成部分，历史悠久、风格独特、规模宏大、结构精巧。客家以种姓聚族而居的特点以及其民居的建造特色与客家人的历史密切相关。历史上的客家人大都居住在地处偏僻的山区，每到一处，本姓本家人总要聚居在一起，营造“抵御性”的城堡式建筑住宅，目的是防豺狼虎豹与盗贼侵扰。因此，客家人多以土楼、围龙屋、围屋等为传统民居形式。虽然客家民居类型不一，风格有异，其建筑的坚固性、安全性、封闭性以及合族聚居性，构成了客家传统民居的共同特点。

一、客家聚居建筑的社会学特征

在客家文化核心区内，最具有代表性的建筑特征是聚居完型。在中国传统社会中，聚居完型往往是通过村落乡里的形式实现的。村头的古树、场院、小溪、族祠、神庙，乃至生活中常用的碾盘、磨坊、水井和池塘等，都可以构成聚居完型的核心空间。围绕核心空间，几户、十几户甚至上百户人家聚居在一起，构成为村落建筑群。聚居完型之间相隔数里或者数十里，彼此在空间上相互影响甚少。客家民居则通常是一幢大型民居，本身就构成一个聚居完型。（图 2－1 客家聚居完型）

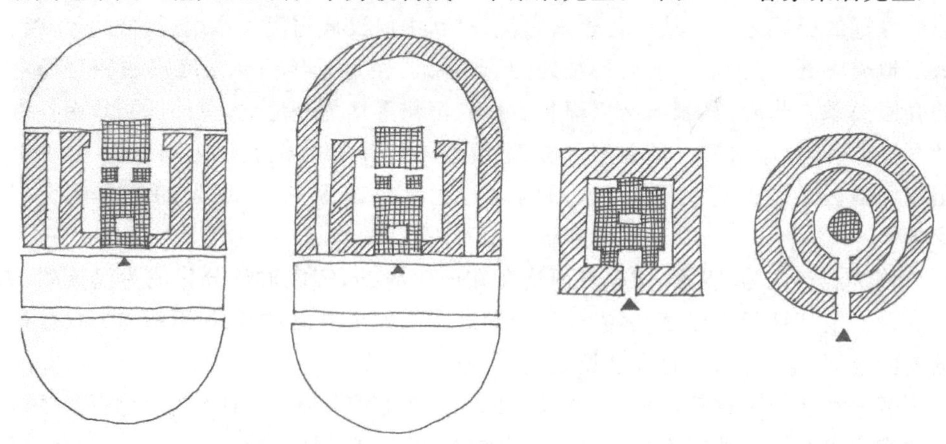

图 2－1　客家聚居完型

1. 客家聚居完型的社会性

首先，客家民居适于保持和发展家族宗族制。客家先民南迁时多形成血缘聚落，共同开发耕作，其民居形式突出地显示了家族的群体性；血缘近亲聚居在一个屋顶之下，有利于互助合作；居于中心的祖祠显示宗族的尊严。这种建筑形式有利于加强群体的凝聚力，保持、巩固和发展家族宗族制。

其次，客家民居出于防御外敌需要。客家住宅大都建于平地山坡交界的地方，前置禾坪、后设堂楼、左右夹峙横屋以及“围龙”、炮楼、枪眼，既可以护卫自己，又可以居高临下，击退敌人。所有住宅外墙很厚，除中间大门及横坪前端的小门外，很少再设其它门户出入，朝外的窗户也开得少而且狭小，或底层无窗。但房屋内部的门却开得极多，窗也很大，可以畅行无阻。这样可使敌人难于攻入，自已却能迅速调配力量。此外，舂房、磨房、鸡舍、猪圈、牛栏、柴房、谷仓、水井等设于宅内，也可作为老弱妇孺及贵重财物的避难场所。

第三，客家民居适应生产和生活条件。客家传统上多以农业为主，住宅常常建于所垦种的田野中。为解决打谷、晒谷、扬谷及其它杂粮整理的需要，一般住宅大门外都设置有禾坪。

第四，客家民居深受风水观念影响。客家人热心风水学说，住宅选址，建房的吉日良辰，必须与全家的出生时辰相配合。除财力因素外，房子的式样、基地的高低、房屋的方向及建筑结构都必须符合风水要求。

客家山区民居的朝向多依山形而定，理想的坐北朝南并不多见，但都尽可能使大门单独朝向南方。由于所谓门前有水可以“聚积财富”的说法，住宅附近有河的，都面向河流上游，以示财势源源而来。没有河流的，在禾坪前面砌筑鱼塘，希望取得吉利的兆头。

2. 客家聚居建筑的社会性

传统的合院建筑通常都具有较明显的功能倾向和私密性，适于家庭起居。客家聚居建筑却不是以庭院为中心组织家庭空间的。客家聚居建筑通过在建筑内部引入宗祠功能，最大限度地加强了家庭间的空间联系和精神联系。客家聚居建筑的平面布局特征是点线结合：点为祠堂，线为居室；点居正中，线环绕四周。以祠堂为主体的点空间具有极大的开放性，相当于村落中的核心空间，由于祠堂的特殊功能和作用，其位置永远处于建筑的中心。居住系列用房由一排排毫无个性的单一房间组成。

在客家聚居建筑平面构图中，屋始终起一种围合空间的作用。当点与线呈左右两面围合关系时，建筑形式是门堂屋；当点与线呈三面围合关系时，建筑形式是围龙屋；当点与线四面围合时，建筑形式是土楼。

二、客家聚居建筑主要类型

门堂屋是客家聚居建筑的基本模式，是其他客家聚居建筑类型的原形。典型的门堂屋由三种空间组成：平塘空间、三堂空间和横屋空间。

所谓平塘空间，是指由禾坪和池塘共同构成的空间。禾坪平面为长方形，长向尺寸通常与建筑面宽相等，它既是建筑主要入口的前广场，也可以在农作物收割时用于打谷晒场。池塘平面多为半圆形，位于禾坪之前，具有养鱼、洗涤、灌溉、消防等功能，还有风水要求的因素。由禾坪与池塘组成的空间位于建筑之外，是介于建筑与自然之间的模糊空间，并没有明确的空间界面，后面的建筑通过坪塘的过渡，将建筑空间延伸到了自然的大环境当中，有效强调了建筑的方向感。

所谓的三堂空间指由下堂、中堂、上堂以及上堂间、中堂间、下堂间为主构成的公共活动空间。在门堂屋建筑之内，三堂起着空间主导作用，典型的三堂空间通常沿着建筑的主轴线依次展开，天井间于其中。下堂、中堂与上堂部分有连廊与居住生活用房相连，由下堂至上堂的空间完全开放，是典型的水平方向的共享空间。下堂为空间转换枢纽，中堂为公共活动空间，上堂为视线中心。

横屋空间是指以横屋间与横厅为主构成的居住空间，典型的横屋对称布置在厅堂的两侧，长度与三堂空间相等。横屋通常采用统一的形式和尺寸，以 12 平方米最为常见。横屋间除了供家庭成员起居之外，还可以用于储存间、厨房、客房甚至畜圈。房间的联系多用单檐外挑无柱廊。

1. 粤北围龙屋

围龙屋是富有岭南特色的客家民居建筑类型，据专家考证，围龙屋与秦汉时期中原古代贵族大院屋型十分相似。广东省梅州市是我国现存客家围龙屋最多的地区，总数有两万余座，一般都有二三百年乃至五六百年的历史。其中价值最高、规模最大的围龙屋分布在梅县、梅江区、大埔县和兴宁市，如梅县的仁厚温公祠和万秋楼，梅江区的承德楼，大埔县的张弼士故居和花萼楼等。(图 2－2 梅县客家围龙屋)

图 2－2　梅县客家围龙屋

围龙屋的整体布局是一个大圆型，好似一个太极图。前半部为半月形池塘，后半部为半月形的房舍建筑。两个半部的接合部位由三合土夯实铺平的长方形“禾坪”隔开，是居民活动或晾晒的场所。“禾坪”与池塘的连接处用石灰、小石砌起一堵或高或矮的石墙，矮的叫“墙埂”，高的叫“照墙”。池塘主要用来放养鱼虾、浇灌菜地和蓄水防旱、防火，既是天然的肥料仓库，也是污水的自然净化池。据专家考证，这种富有中原特色的典型客家民居建筑，与中原贵族大院屋型有深厚的历史渊源。

围龙屋后半部是房舍建筑，前低后高，有利于采光、通风、排水和排污。正中为方形主体建筑。有“三栋二横一围层”；有“三栋四横二围层”。最小的围龙屋的建筑面积也在上千平方米，大的则上万平方米。有的大围龙屋居住着上百户人家，几百口人。现存的围龙屋中，“三栋二横一围”屋居多。横围龙屋由上、中、下三厅，各厅之间均有一天井，并用木制屏风隔开。厅堂左右有南北厅、上下廊厕、花厅、厢房、书斋、客厅、居室等，错落有致，主次分明。（图 2-3 围龙屋平面布局）

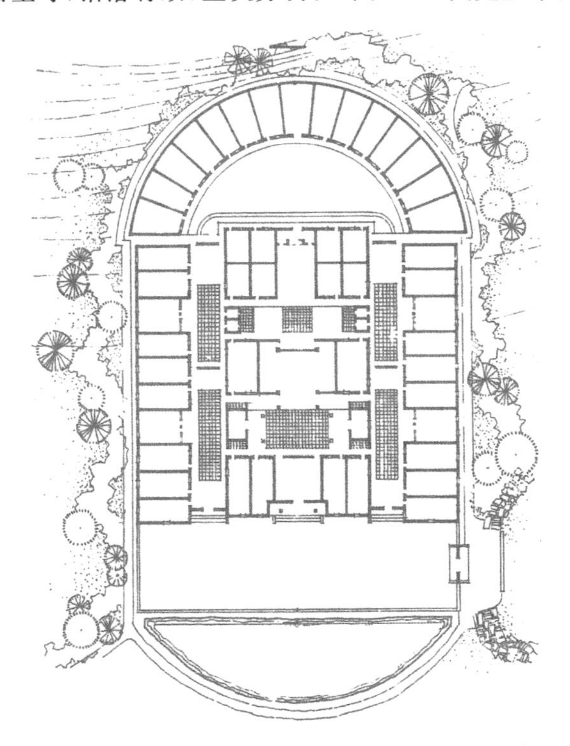

图 2-3 围龙屋平面布局

2. 闽西土楼

历史上闽西交通不甚便利，匪患械斗多发，客家人从黄河流域迁徙到这里后，为了便于群居以及抵御匪患，创造出了土楼这种奇特建筑。土楼多见于闽西的漳州与南靖境内，现存3000多座。土楼多选址于依山傍水的坡地或近溪山谷中，构成山、水、田、楼相和谐的地理环境。（图2－4　圆形土楼）

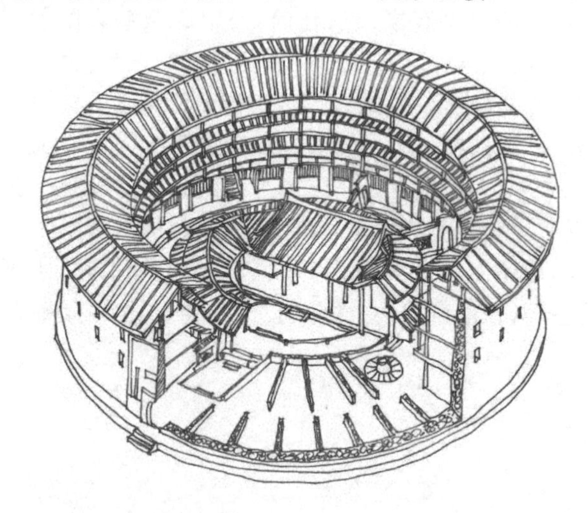

图2－4　圆形土楼

按形状，土楼可以分为圆形、正方形、长方形、椭圆形、弧形、八角形、曲尺形、五凤楼等，但大量的土楼是方形楼与圆楼。按照结构，土楼可以分为内通廊式土楼和单元式土楼。内通廊式土楼内住户拥有从底层到顶层的单元，从二层以上，各房间门前有环形走马廊，每层有四、五部公用楼梯。这种类型的土楼主要分布在福建省客家人聚居的永定县，以承启楼和振成楼为代表。单元式土楼各层没有连接各户的走马廊，各单元有独立的门户，独立的庭院，独立的上下楼梯。单元式土楼主要分布在福建省西南福佬民系聚居地区，以永定县的振福楼、龙见楼为代表。五凤楼又名大夫第、府第式、宫殿式或笔架楼，其特色是从外观看去通常为“三凹两突”，仿佛中国古时笔架。五凤楼主要分布于闽西各县与漳州，以永定湖坑镇的“福裕楼”为代表。

圆形的土楼面积通常较为庞大，面积最大者甚至可达72开间以上。底层中间是祠堂，是居住在楼内的几百人婚丧嫁娶的公共场所。第二层为仓库，三层楼以上为住家卧房。楼内还有水井、浴室、磨房、餐室、厨房等设施。

方楼在土楼中最为普及。建造方形土楼时，是先夯筑一正方形或接近正方形的高大围墙，再沿此墙扩展该楼其他建筑。最高的方形土楼甚至可达六层，内部使

用木制地板与木造栋梁，瓦片屋顶。（图 2－5　方形土楼）

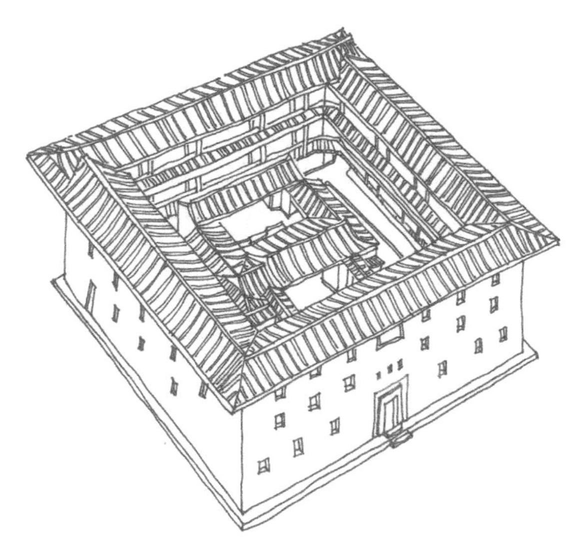

图 2－5　方形土楼

建一座土楼一般要经过选址定位、开地基、打石脚、行墙、献架、出水、内外装修这 7 道工序。

3. 赣南围屋

赣南围屋主要分布在江西省赣州市龙南县、定南县、全南县、信丰县、安远县、寻乌县等 6 县境内。赣南，史称“南抚百越，北望中洲，据五岭之要会，扼赣闽粤湘之要冲”。

围屋，顾名思义即围起来的房屋。其外墙既是围屋的承重外墙，也是整座围屋的防卫围墙。其大门门额多有如“磐安围”、“龙光围”等题名。赣南围屋的面积有大有小。小围屋只有五六十平方米，三开间，名叫“猫柜”；大的占地万余平方米，现存最大的龙南栗园围占地面积达 37000 平方米。（图 2－6　赣南围屋平面）

赣南围屋，从平面上可分“口”字形和“国”字形两大类。其形制多是方围，也有部分圆形、半圆形和不规则形状的，既有三合土、河卵石构筑的，也有青砖、条石砌垒的。

赣南围屋也是集祠堂、住屋、堡垒于一体，具有防御功能和宗族群居特征的民居类型，较大围子内部还建有祖厅。大多数围屋是两三层，也有多至四层者，为悬挑外廊结构。与土楼相似，大围屋可以建成多层的套围。

围屋外墙坚固，多由河石、麻石、青石、青砖构筑，甚有厚度达两米者。围屋内部粮仓、水井、排污道等一应俱全，简直就是一座小城池。

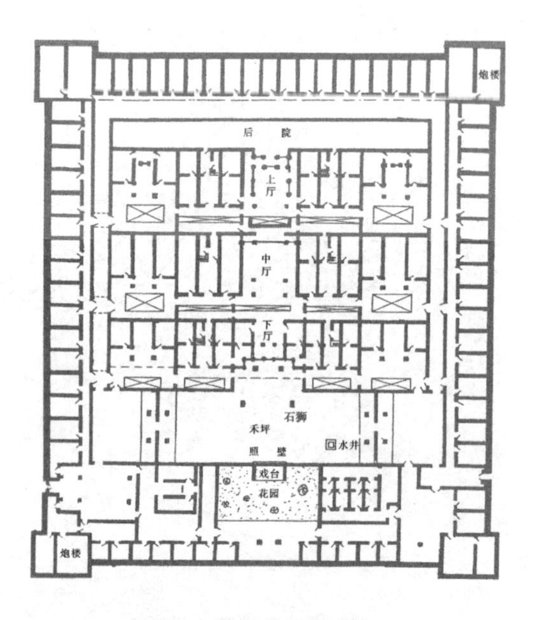

图 2-6 赣南围屋平面

围屋外墙的四角都构筑有朝外和往上凸出的多样的碉堡。为了消灭死角，有的围屋在碉堡上再抹角悬挑单体小碉堡。围屋顶层设置排排枪眼炮孔。围屋的门墙特别加厚，门框皆用巨石制成，厚实的板门还包钉铁皮。板门后多设闸门，闸门后还设重便门。门顶还设漏，以防火攻。除少数大围外，一般只设一孔围门。

围屋顶屋多为战备所用，并取墙内侧 2/3 墙体作环形夹墙走廊贯通一气，方便战时人员机动。围屋内掘有水井，多辟有粮草贮藏间，有的还用蕨粉、糯米粉、红糖、蛋清拌和粉刷墙壁，久困缺粮时，便可剥下充饥。

永定洪坑村土楼群

洪坑村位于福建省永定县湖坑镇东北面，距离永定县城 40 千米。村内地势北高南低，属于丘陵地貌，贯穿全村的洪川溪自北向南流到村外，汇入金丰溪。村两侧有笔架山、大坪山、对面山，是一个青山环绕，溪水长流的客家村落。这里的土楼民居形式丰富，保存完好，集圆楼、方楼、五凤楼于一村，集中体现了客家土楼聚落的建筑特征。

洪坑村山水景观十分丰富，洪川溪在村中分岔后又汇合，形成河心洲，双溪映月；溪边的大榕树浓荫蔽日，形成榕阴消夏一景。13 世纪时，林氏在此开基，2000 年有 638 户、2310 人依然居住在土楼内。现存明代土楼有峰盛楼、永源楼等 13 座，清代土楼有福裕楼、奎聚楼、阳临楼、中柱楼等 33 座。其中振成楼、福裕楼、奎聚楼于2001年5月被国务院公布为全国重点文物保护单位。2008年被联合国教科文组织世界遗产委员会列入世界文化遗产名录。(图2－7　洪坑村总平面 陆元鼎)

图2－7　洪坑村总平面

一、五凤楼——福裕楼

五凤楼是一种“三堂两横式”的组合楼房，它们的构造特点是：在中轴线上，前、中、后堂与轴线两翼横楼连成一体，前低后高。楼顶为歇山式，从后到前呈五个层次，层层迭落。屋角飞檐，形如鸟翅，故称五凤楼。五凤楼体现了强烈的主次等级观念，显得气势轩昂、典雅高贵。(图2－8　福裕楼鸟瞰)

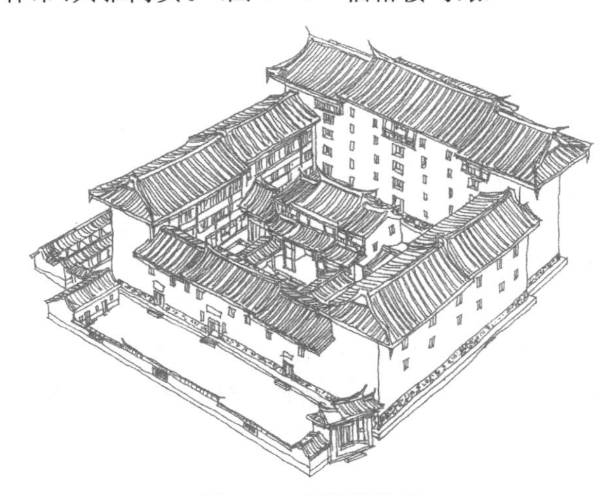

图2－8　福裕楼鸟瞰

洪坑村福裕楼是五凤楼的变异形式，占地面积7000余平方米，公元1880年开始兴建，耗资十多万光洋，经历三年时间建成。该楼前堂、中堂为悬山顶，后堂楼为歇山顶，飞檐翘角。前、中、后堂楼屋顶作3段迭落，由前往后层层升高，屋顶坡度比其他种类的土楼屋顶坡度要大得多，外形像三座山，隐含楼主三兄弟为“三山”之意。该楼在最盛时期，有居民27户，200多人。

福裕楼有三个大门，在主楼和横屋之间有小门相隔，外观连成一体，内部则分为三大单元。楼门坪和围墙用当地河卵石铺砌，做工十分精细，与自然环境浑然一体。

楼门厅两侧为厢房，厅后面立一与一层楼等高的双合三开隔扇，既作为中门，又作为照壁，6块活页门扇上半部分镂刻镏金图案，隔扇后是三合土铺面的长方形天井，隔扇两侧各设一个小门，与中厅(祖堂)前面天井两边的过廊连接，并各开一小门通往横楼。(图2-9 福裕楼平面)

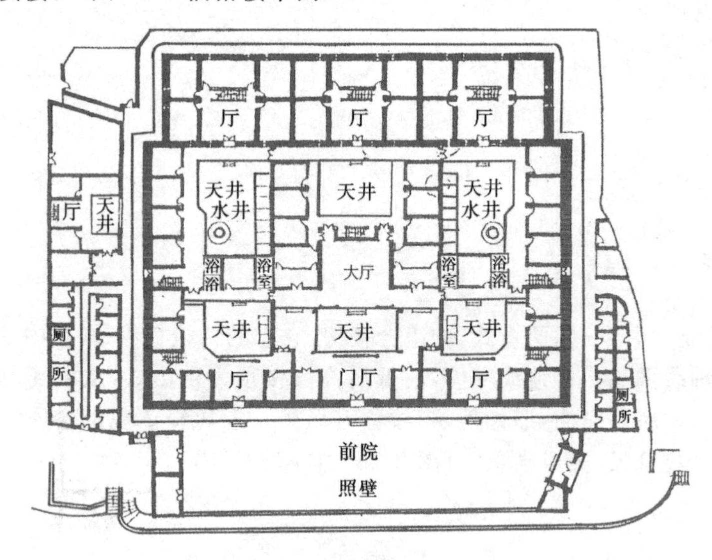

图2-9 福裕楼平面

作为祖堂的中厅为砖木结构，高大宽敞，厅口向前面的天井敞开，比同一座楼的其他房间高一米多，雕梁画栋，装饰精美；后壁悬挂玻璃匾额；厅后面两边的柱子上悬挂阴刻木质楹联：“几百年人家无非积善，第一等好事还是读书”。

厅后正面和侧面分别设一门通往后堂，正面为镂雕木质屏门，侧面为砖砌拱门，屏门后为天井。天井两侧为高2层、3开间的厢房，砖拱门后侧设一个小门进出。厅两边为通向厅后厢房的走廊。厅后壁的背面为通往二楼的楼梯，与厅后通向两边的厢房走廊相通。

中楼二层中间为观音厅，其楼板比厅后厢房二层的通廊高，左右两边的通廊前向各设一短梯，通过拱门进入位于中间的观音厅。观音厅高大宽敞，供奉观音造像，神阁两旁各有一块镂雕木质隔屏。厅口设高 1.2 米、宽 1 米的平台，平台外沿为琉璃花格护栏，厅口两侧、平台内沿以及与底层祖堂前向立柱对接的柱间镶嵌琉璃花格屏风，高至屋梁。厅两侧分别有前阁楼和后阁楼。前阁楼设一门与厅前的平台相通，厅后厢房二层与后楼的墙体相连接。

中楼与内通廊以及前后厢房将全楼内部分隔成大小 6 个天井，使内部空间层次更为丰富。

后楼 9 开间，被分隔成 3 个单元，每单元 3 开间，各设一道楼梯上下，楼梯位于面积较大的中间一间。每层的楼梯前向为厅堂，后向分隔为 2 个小房间。二层以上的结构与底层的结构相同，最顶上的一层则为阁楼。后楼前面左右两边各有一口水井。

旧时族长居住在后楼，以示尊贵。与前后楼连接的两侧横楼高 2 层，砖木结构，两楼对称，为内通廊、穿斗、抬梁混合式木构架。横楼外侧各有一排砖木结构的平房，两边对称，与横楼平行，分设厕所、猪圈、杂物间、磨房等。

二、圆楼——振成楼

永定的圆形土楼大都外高内低，楼内有楼，环环相套，最具特色，其通风、采光、抗台风和地震以及防卫功能比方楼好。

振成楼位于洪坑村中南部，坐北朝南，占地约 5000 平方米，由两环同心圆楼组合而成。外环土木结构，高 4 层，直径 57.2 米，内通廊式，由林氏兄弟于民国元年(1912 年)建造，俗称八卦楼，以富丽堂皇、内部空间设计精致多变而著称。其大门、内墙、祖堂、花墙等大胆采用了西方建筑元素，堪称中西合璧的乡土民居建筑的杰作。(图 2－10　振成楼鸟瞰)

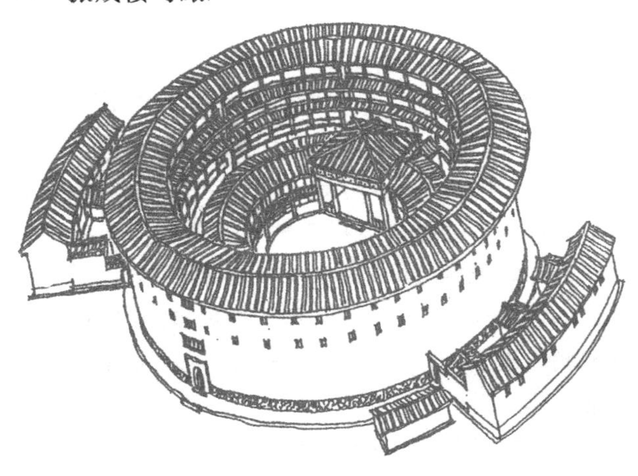

图 2－10　振成楼鸟瞰

振成楼为两面坡瓦屋顶,采用穿斗、抬梁混合式木构架。楼内按中国传统八卦原理布局,以青砖防火墙分隔成呈辐射状的 8 等分(单元),寓意乾、兑、坤、离、巽、震、艮、坎八卦,每等分 6 间起脚为一卦。每卦关起门户自成院落,打开门户全楼贯通。每层 2 个厅、44 个房间,加上内环的房间,全楼共有 208 个房间。底层每单元各自与内环天井围合成一个院落。每个单元的青砖隔墙均有拱门,使各层的内通廊畅通无阻。(图 2 - 11 振成楼平面)

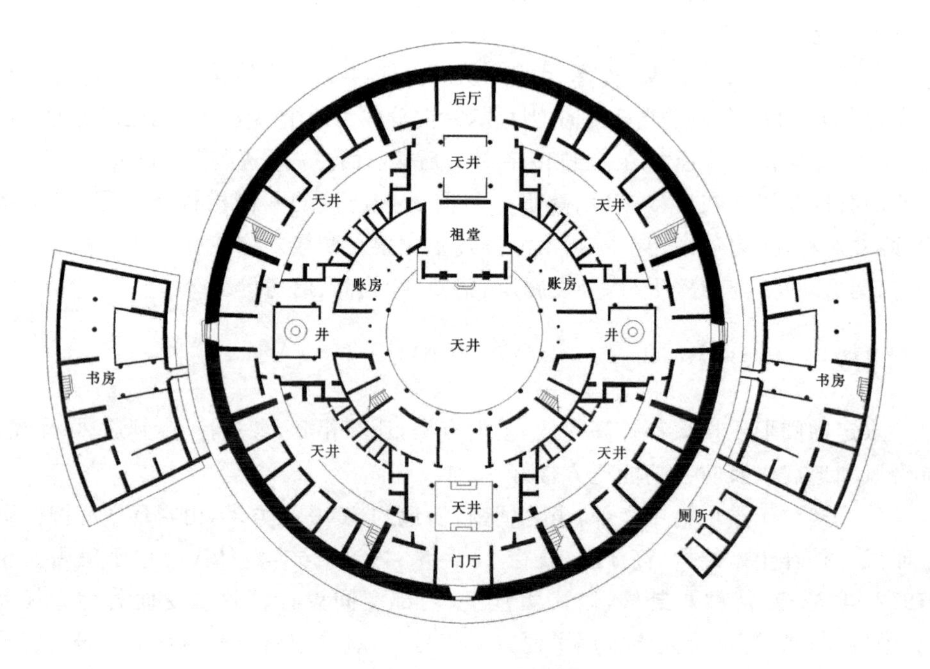

图 2 - 11 振成楼平面

振成楼底层和二层均不开窗,底层为厨房、餐厅,二层为粮仓,三四层为卧室。底层的内通廊以三合土铺面,二层以上每层楼以较薄的青砖铺地,有隔音、防火功能。三四层内通廊的屋檐下设精美木质靠背栏杆。

振成楼外环共有 4 道楼梯,东、西两侧分别开一双扇边门出入,两门对称,可直通楼外东、西两边的耳房。平时楼内居民皆从左右两侧门出入,东边住户走地门,西边住户走人门,而天门则长年关闭,逢年过节或婚丧喜庆等重大节日才启开。即便是一般客人来,也一定要开中门迎接,但有一规矩,即开外环楼大门而内环楼则不能开,须从内环两侧门进入;内外两道大门齐开,则要七品以上的要员来到才可以,是最隆重的欢迎仪式。

振成楼全楼设有三道大门,为八卦图中的天、地、人三才布局,大门门板厚 20

厘米，配用0.5厘米的钢板加固而成，门内墙中埋有30厘米厚方型门栓。

振成楼外环楼墙内每10厘米布满竹板式木条作墙筋。据永定县志记载，1940年农历正月初六，县内发生强烈地震，倒塌不少方型土楼，而所有圆型土楼则安然无恙。

振成楼内的东西两侧设有两口水井，也就是八卦图中的阴阳二仪，代表日月。令人奇怪的是，东西两口水井的水位高低不同，东高西低而且水温也有所不同，但井水都清凉可口，取之不尽，用之不竭。

三、方楼——奎聚楼

方形土楼有一字形、口字形、回字形、日字形等多种形状，另有五角形、八角形、凹字形等变异形状。其中以一字形、口字形最常见。一字形土楼又称为“四门朝厅”式土楼，平面为长方形，一面开门，进门是厅；厅两边各有2～4个房间，各房间的门朝着厅；楼梯置于厅后；楼的各层结构相同，都有厅；房间以土墙分隔，楼内无天井。口字形方楼，又称“四角楼”，楼中的天井为开放性的空间；楼的四面高度相同，或后向比前面三向略高；外墙为承重结构；以木构架设置房间，内通廊式；厅堂一般在中轴线后端或天井中间；楼梯分设于四个角间前面。（图2－12　奎聚楼鸟瞰）

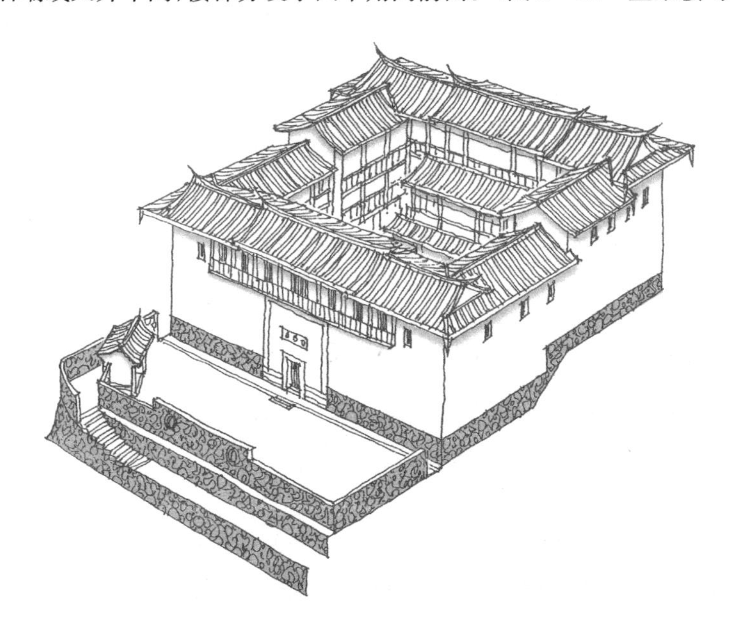

图2－12　奎聚楼鸟瞰

位于洪坑村的奎聚楼是一座内通廊式长方形“口字形”方楼，也被认为是福建方楼中最为华丽的。其前半部三层，后半部四层，两侧屋顶形成一层的错落，建筑依山就势，前低后高，构成层次丰富的外观形象。方楼只在顶层开窗，留一个大门出入，正立面顶层作木构"挑榻"，与抹灰的土墙形成鲜明的质感和色彩对比，更强调了中轴线与正门入口。前后楼的屋顶一低一高，均分成三段做断檐歇山式，两个侧漏的屋顶做成悬山迭落，土楼屋顶高低错落形成丰富的天际线轮廓。（图 2-13 奎聚楼平面）

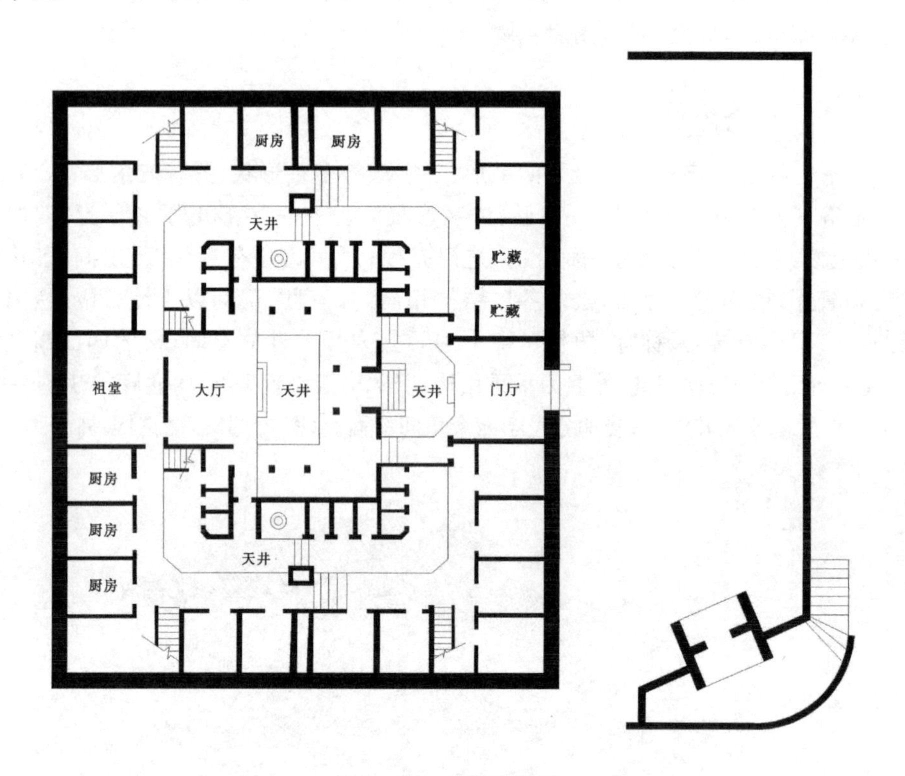

图 2-13 奎聚楼平面

方楼内院套一个由祖堂前厅与回廊组成的小四合院，回廊对中心天井开敞，其外侧环绕披屋，并隔成小间作为猪圈，左右披屋中各有一眼水井，井台上部盖顶，井口上方的屋顶开一个小天窗。

楼阁式的祖堂前厅为重檐歇山式，并与后楼的两层腰檐相连接，第四层的腰檐中段又突出一小段屋顶，使得祖堂前形成四层重檐，楼阁与层叠的屋檐使得内院犹如宫殿一般富丽堂皇。

四、洪坑村土楼群建筑特征

1. 朝向与通风

永定客家土楼大都分布在山地丘陵等山间谷地或呈串珠状分布于溪河两岸，一可以接近水源，二可以就地取材。土楼朝向大都是坐北朝南，背阴向阳。永定多刮来自海洋的偏南风，坐北朝南有利于通风，能产生冬暖夏凉、保温防潮的效果。

2. 天井与采光

永定处于北回归线附近，开门见山，日照时间相对较短，采光显得非常重要。土楼一楼、二楼一般都不开窗，防止盗贼入侵。圆楼因为面积庞大，中午太阳便可照到天井，使得楼内光照充足，太阳可以照到每一个死角。

3. 屋顶防水

永定属于亚热带季风性湿润气候，降水丰沛。土楼怕水，因此屋顶大都采用"人字形"的双坡屋顶，且外坡要比内坡长。当雨季来临时，其"人"字形屋顶有利于防止雨水下渗而引起土墙坍塌，加之其墙角用石料砌成，往往比较高，可以防止发洪水时墙角被冲垮。

4. 竹条与抗震

永定位于亚欧板块与太平洋板块交界处，地壳较不稳定，地震频发。客家先民在夯墙时，把竹条放到墙内，作用相当于现在的钢筋，由于竹条坚韧且富有弹性，使墙体整体性能良好。地震发生时，墙内的竹条会被拉直，使墙体不易倒塌，过后，竹条会受到圆楼回心力的作用，自然合回去，从而取得抗震的良好效果。

5. 墙体与隔热

永定地处东南沿海，受台风影响较大，为了防风，在建造土楼时，借助模夹板夯筑成了厚实严密的墙体，既防止台风的侵袭，又起到御敌的作用，还能达到隔热的目的。

知识窗

风　水

风水本为相地之术，即临场校察地理的方法，中国古代称堪舆术，是进行宫殿、村落选址、墓地建设的方法及原则。风水一词最早见于晋代郭璞的著作《葬书》："气乘风则散，界水则止。……古人聚之使不散，行之使有止，故谓之风水。"

风水学是从商周时期的占卜发展而来的，西周时期的《尚书·吕诰》被认为是原始风水学萌芽。到了东周、春秋时期，风水学呈多样化发展。一种是以伍子胥、范蠡为代表的"象天法地"、"相土尝水"理论，另一种是以管子为代表的利用自然条件，依山傍水的思想。管子提出选择都城应当"非于大山之下，必于广川之上。高毋近旱，而用水足，……"，成为以后风水学理论的重要核心。

三国、晋、南北朝时期的风水学渗进了环境形胜观念，宗教意识进一步强化。东晋时代的郭璞所著的《葬书》，是历史上第一本总结墓葬择地的风水总论。

宋元时期，风水学开始向民间广泛发展，星命学盛行，这时期风水学主要用于住宅的相地。(图 2-14 风水宝地环境)

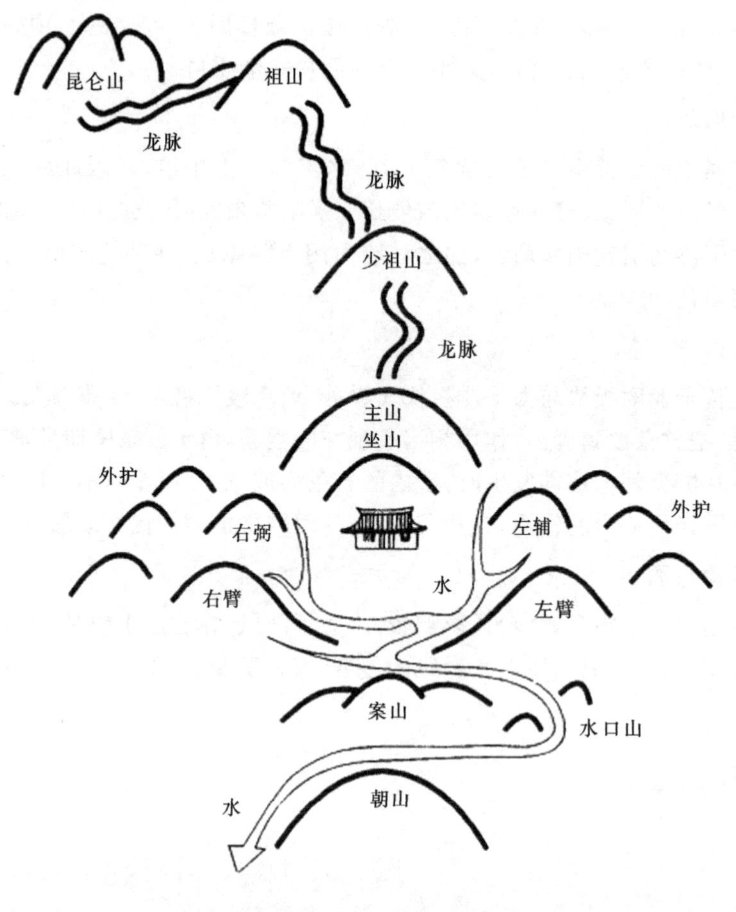

图 2-14 风水宝地环境

风水学遵循三大原则：一是天地人合一；二是阴阳平衡；三是五行相生相克。

风水学在长期的历史发展过程中形成了几种流派，其中最基本的有两大宗派：一种是形势宗，注重觅龙、察砂、观水、点穴、取向等辨方正位，在空间形象上达到天地人合一；另一种是理气宗，注重阴阳、五行、干支、八卦九宫等相生相克理论，在时间序列上达到天地人合一，并且建立一套精密的现场操作工具——罗盘。（图 2－15 民居选址原则）

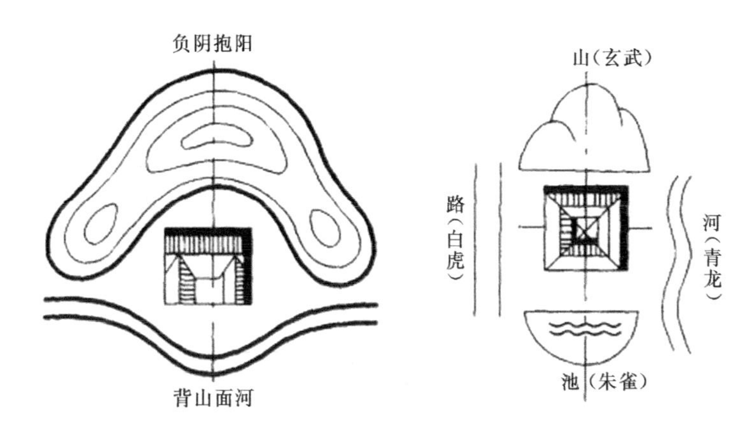

图 2－15　民居选址原则

“生气”，是风水学的核心，是一种能使“草木茂盛，六畜兴旺，财丁昌隆”的优质的“生物能”。

太极阴阳论是祖先对宇宙起源和万物内部结构的认识。《周易·系辞传》中说：“易有太极，是生两仪，两仪生四象，四象生八卦，八卦定吉凶，吉凶生大业。”

五行学说是祖先对世界万事万物之间相互辩证关系的一种哲学概括。《周易·说卦传》中，对八卦的五行属性作了表述，“乾为天、为金”，“坤为地、为土”，“巽为木、为风”，“坎为水”，“离为火”等。《尚书·洪范》中说：“水曰润下，火曰炎上，木曰曲直，金曰从革，土爰稼穑。”它们之间有着生克制化的关系，即：金生水，水生木，木生火，火生土，土生金；金克木，木克土，土克水，水克火，火克金。世界上万事万物的内部结构，是阴阳对立统一、互根、消长、转化和平衡状态的关系，又存在着五种走向的关系，它们间组成了一个天然的链条。

第三章　四水归堂

徽　州

徽州，又名新安，历宋元明清四代，辖一府六县：歙县、黟县、休宁、婺源、绩溪、祁门，是徽商的发祥地。明清时期徽商称雄中国商界，有“无徽不成镇”、“徽商遍天下”之说。徽州是一个地理概念，也是一个历史、文化、思想概念。徽州被称为“八分半山一分水，半分农田和庄园”。境内群峰参天，山丘屏列，岭谷交错，有高山、峡谷，也有盆地、平原，波流清澈，溪水回环，犹如一幅风景优美的图画。

古往今来，徽州的官员和商人无论规模和影响力在中国历史上都占有非常重要的地位。其中，徽商成为了中国古代四大商帮之一，在促进古代经济发展方面有着不可磨灭的贡献。

徽州文化的内涵十分丰富。徽州人在文化领域创造了许多流派，几乎涉及当时文化的各个领域，并且都以自己的特色在全国产生极大影响。主要有：新安理学、新安画派、徽剧和徽派建筑。清代中期，徽剧形成了一个唱、念、做、打并重的完美剧种，“四大徽班”由扬州进京，把徽剧与汉剧结合，产生了京剧。

徽派建筑集山川风景之灵气，融风俗文化之精华，风格独特，结构严谨，雕镂精湛，不论是村镇规划构思，还是平面及空间处理、建筑雕刻艺术的综合运用，都充分体现了鲜明的地方特色。尤以民居、祠堂和牌坊最为典型，被誉为“徽州古建三绝”，为中外建筑界所重视和叹服。徽州民居在总体布局上，依山就势，构思精巧，自然得体；在平面布局上，规模灵活，变幻无穷；在空间结构和利用上，造型丰富，讲究韵律美，以马头墙、小青瓦最有特色；在建筑雕刻艺术的综合运用上，融石雕、木雕、砖雕为一体，显得富丽堂皇。

徽州民居

“徽州”是一个历史地理概念,处于皖、浙、赣三省交界,包括现今安徽省的歙县、黟县、绩溪、祁门、休宁、黄山市、徽州区以及江西省的婺源,其地形地貌以山地丘陵为主,间以少量的盆地。自秦朝建制两千多年以来,徽州人创造了独树一帜的徽派民居建筑风格。明清时期是徽州古民居与村落发展的鼎盛阶段,无论是形制还是建筑艺术方面都十分成熟,现今保存下来的古民居,绝大部分为这个时期的建筑。

一、徽州民居建筑形式

徽州民居建筑的基本形式是天井四合院楼居。这种形式深受徽州独特的历史地理环境和人文观念的影响,具有鲜明的区域特色。古代徽州原为山越人聚居地,古山越人宅居形式主要为“干栏式”建筑。因为“干栏式”建筑有较好的干燥、通风、采光和安全性能,适应徽州地区的地理环境。自东晋起,大批中原望族为躲避战乱纷纷南迁于此,作为避乱栖息之所。中原士族的迁入不仅改变了这里的人口数量和结构,也带来了中原地区先进的文化。

1. 徽州民居平面布局

徽州民居占地一般不大,建筑密集,因为当地习俗是孩子长大后多外出经商、做官或者自立门户,故民居多为一家一户,较少有大型住宅。民居平面多为方形,建筑为二层,以三合院、四合院为基本单位。一般正屋较长,侧面厢房开间狭窄,进深也浅。廊屋仅是联系的过道。一般的民居主要有四种形式。(图 3－1 徽州民居平面类型)

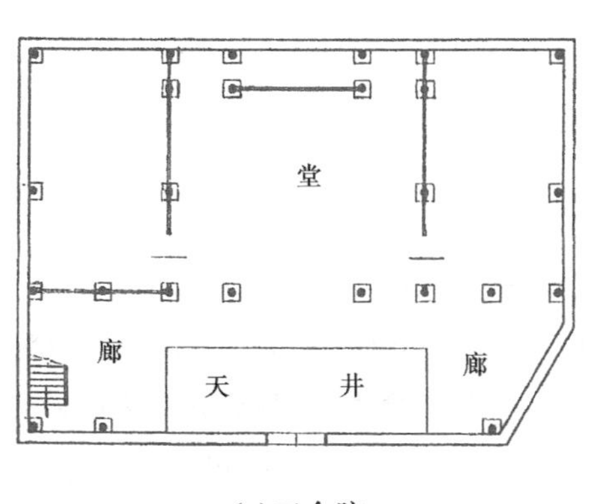

(a)三合院

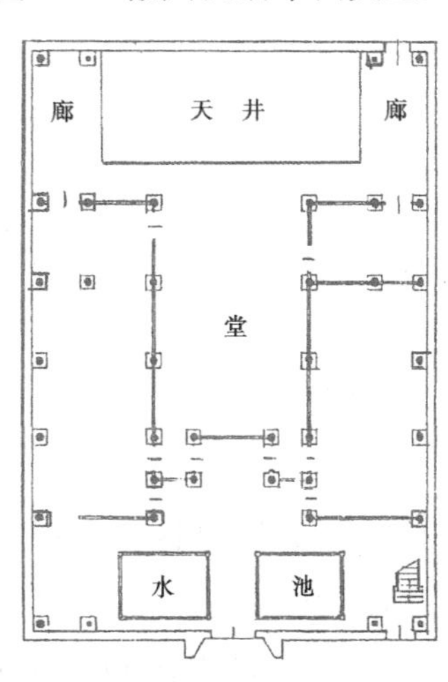

(b)H 型平面

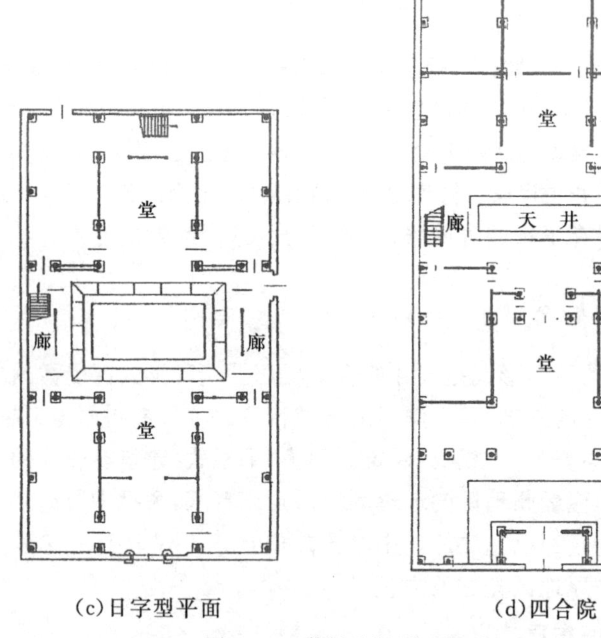

(c)日字型平面 (d)四合院

图 3－1 徽州民居平面类型

(1)三合院式——多为一进二层民居,正屋面阔为三间,楼下明间做客厅,左右次间为住房。楼上明间作供祀祖先牌位的祖堂,左右次间为卧室。

(2)四合院式——多为三间二进,二层楼房。楼下第一进明间为门厅,两旁是厢房;第一进楼上明间是正间,两旁是卧室。第二进楼下明间是客厅,楼上明间是祖堂。两进之间是长形天井,两侧沿着墙壁是廊屋,内设楼梯。

(3)H 型平面——进院门是天井,两旁是廊屋,中间是正房,都是两层。正屋前后各有一个天井。

(4)日字型平面——三间两进,各进之间都有廊屋联系。

2. 徽州民居立面特征

徽州民居多用高墙封闭,有时露出屋顶,屋顶作硬山式,封火山墙形式丰富多变。民居的外墙都用砖筑,很少开窗。即使开窗,开窗面积也较小,除了体现出中国人传统的自我封闭的特点外,也是有意识地出于加强防晒、隔热,降低热交换的目的,从而真正体现生态设计中强调节约能源的设计理念。(图 3－2 徽州民居鸟瞰)

民居的院落与院落之间为了防止一院失火,殃及邻院,将山墙造得高出屋顶,

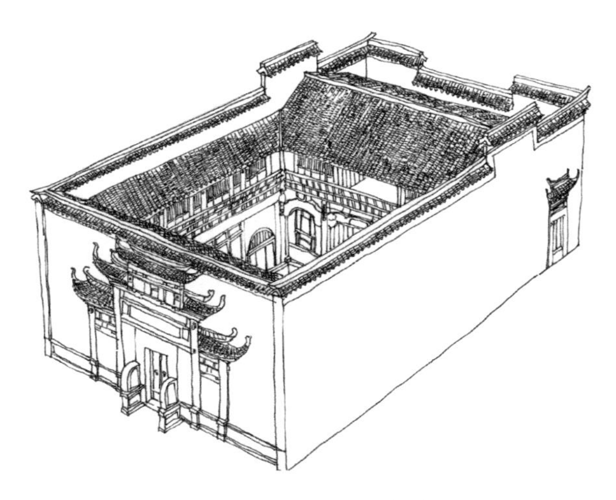

图 3－2　徽州民居鸟瞰

随着房屋两面坡屋顶的形式，山墙也做成阶梯形状，称为封火山墙。又因其从侧面看过去像一个侧立的马头，故又称为“马头墙”。就其实用功能而言，它是住户与住户的分界，由于它的巧妙分割，使不同住户能保持相对独立，互不干扰，和睦相处。此外，更可以防暑降温，御寒保暖。由于它体积高大，涵盖面广，故夏季可挡炎炎烈日，白色的墙壁反光，亦可抵挡骄阳直射，冬季则可防御凛冽的北风。

徽州民居立面多稳定对称，大门开在正中间，两侧很少开窗，几乎每家都有门罩，是为外墙装饰的重点。用水磨砖做出线脚以及装饰，顶上覆小青瓦檐，手法简洁，讲究的门罩还有砖雕彩画，砖雕的纹样多为戏文和各种花卉。

3. 徽州民居建筑做法

徽州民居建筑外墙有实心墙、空心墙两种做法，前者只见于明代建筑中，后者出现于明末。明代建筑外墙的下部无台基和群肩，只是在墙角有转角石，清代建筑常有用石块砌成的群肩，或者做成各式花纹。明代外墙柱子多与外墙脱离，清代边柱角柱半嵌入外墙内。（图 3－3 徽州民居屋架）

徽州建筑内天井的地面都有石板铺砌，较大住宅地下用方砖铺砌，较小的住宅用墙砖侧铺，目的是防潮。

民居柱础花式丰富，简单的仅用方形石块，大型住宅用圆形和八角形础石，复杂的柱础还有基座、础身、盆唇三部分组成。清代柱础的花式更加复杂，但楼上的柱子用木质的柱础。

民居楼面的做法一般是在 2 层上架搁栅，上面铺楼板。搁栅之间的距离是 18

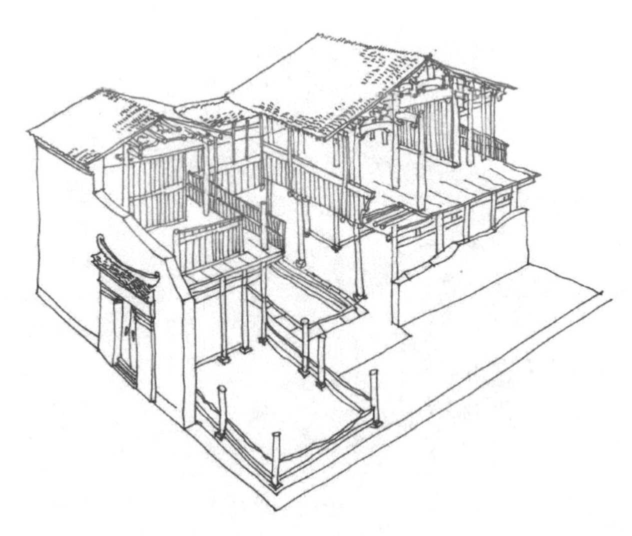

图 3-3 徽州民居屋架

～30 厘米，直径 10 厘米左右。地板厚度 2.6～6 厘米。小型住宅的楼面与檐柱相平，大型住宅楼面则超出檐柱少许。

徽州建筑的梁架多彻上露明造，匠师门在适当装饰的原则下把结构与美观融为一体，并保持与其他部分的统一性。较为朴素的做法是用穿斗式琴面月梁，较大的住宅用抬梁式与穿斗式的混合做法。梁是精雕细刻的月梁，这种月梁的断面是圆形的，也因其胖大称为冬瓜梁。梁的两端侧面刻凹线。

4. 天井的意义

徽州民居大多设有天井。作为徽派建筑的重要特征，天井设计功能上的意义是既通畅又封闭，既解决通风采光问题，又适应古代徽州山区环境。其文化上的意义更为丰富。在徽州的地域文化观念中，天井与“财禄”息息相关。天井能聚集屋面雨水，名曰“四水归明堂”。水为财之源，聚水即聚财，以图财不外流的吉利。（图 3-4 徽州民居天井）

图 3-4 徽州民居天井

天井是一种内向型建筑方式，以天井为基本单元，聚合成一个家族，反映了徽州人聚族而居、不染他姓的宗族观念。天井意为“观天之井”，与庭院渗透融合，沟通天、地、人三界，人立于天地之间，与自然融为一体，既可获“天人合一”之灵气，又可得“顶天立地”之自由，是古代徽州人敬畏上天，顺应自然，祈求与自然和谐并存的人生态度的体现，也是中国传统哲学中“天人合一”思想的具体体现。

天井一般位于门堂之间，是建筑的中心。为了减少太阳辐射，天井采用横长的平面。天井虽然面积不大，但是对于皖南民居来说却相当重要。其宽度相当于中央开间，而长只有厢房开间的大小，有的小天井只有 4 米×1.5 米，加上四面房屋挑出的屋檐，天井真正露天部分有时只剩下一条缝。正因为如此，它起着住宅内部采光、通风、防晒、聚集和排流雨水，以及吸除尘烟的作用。狭小的天井能防止夏日的曝晒，使住宅保持阴凉的同时还能保证通风、采光的需要，有的主人还在天井里设石台，摆放花木石景，使这个小天地富有自然情趣。

二、徽州民居装修与装饰

1. 内部装修

徽州民居上层的窗口下常会有雕饰精美的一圈栏杆，面临天井，其造型与雕刻手法都具有很高的艺术水准。普通的栏杆高度与窗口齐平，弧形栏杆在檐柱之间还设置有座板，栏杆本身向外弯曲，位于檐柱外侧，形式略似靠背，称为“吴王美人靠”。

民居内的楼梯多设置在天井两侧走廊处或者堂屋的后壁内，下端用石块垫起，防止潮湿。在靠墙外凌空的一面也做栏杆围护。

徽州建筑多用方格眼以及柳条窗，年代越早的住宅窗格越密，窗口的下部外面还设有较短的雕花木栏杆，花纹颇富变化。

2. 民居装饰

徽州民居建筑墙体上少有其他装饰，大门是整个建筑的装饰重点，大门上通常都饰有精美的砖雕、石雕，或者木雕。有的门罩追求繁复的装饰效果，把门罩做成垂花门式，檐下用雕刻的飞檐支撑，额枋下有砖雕修饰，也有更讲究的做法，在额枋上嵌以圆雕的人或狮、龙、凤、象等动物图案。门罩上青砖多加雕刻，称“荤罩”；不加雕刻者少，称“素罩”。（图 3－5 徽州民居门罩）

图 3－5　徽州民居门罩

门罩从建造的材料运用上可分为木结构、砖

结构和砖石结构三种类型。装饰的部位一般为门罩和字墙等。徽州富户人家建砖雕门楼，小户人家普遍建砖雕门罩，他们认为大门如同人的脸面，门楼门罩则是房屋的面孔，所以即使一些人家资金有限，也宁可简化别处的装饰，而务必要建门楼或门罩。

在内部装饰上，徽州民居也力求精美，屋内梁栋檩板无不描金绘彩，尤其是充分运用了木、砖、石雕艺术，在斗拱飞檐、窗棂、隔扇、门罩屋瓴、花门栏杆、神位龛座上，精雕细镂，别具一格，颇具地方特色。雕刻的内容有日月云涛、山水楼台等景物，花草虫鱼、飞禽走兽等画面，传说故事、神话历史等戏文，还有耕织渔樵、仕学孝悌等民情。题材广泛，内容丰富，雕刻精美，给文化底蕴浓厚的徽派民居增添了点睛之笔。

3. 家具陈设

满顶床是徽州传统床具。因为床顶、床后和床头均用木板围成，故称“满顶床”。床前挂帐幔，床柱多用榧木制作，因为榧数年花果同树而生，取“四代同堂”和“五世昌盛”的彩头。床板常用 7 块，寓“五男二女”之意。床的正面，雕饰较为讲究，左右两侧一般雕饰为“丹凤朝阳”，上牙板雕为“双龙戏珠”。床周栏板一般均雕有“凤凰戏牡丹”、“松鼠与葡萄”、“鸳鸯戏水”等精美图案。

压画桌也是徽州民居的传统陈设。徽州民居厅堂正中壁上多挂中堂画、对联，或用大幅红纸写上“天地君亲师”五字，装裱成卷轴悬挂。在卷轴之下设长条桌，桌面上放置两个马鞍形的画脚，卷轴向下展开至长条桌，搁入画脚的“马鞍”内，画幅即平整稳固，此长条桌则称“压画桌”。

三、徽州民居文化意向

古代徽州堪舆学说盛行，明清时期已形成完善的风水理论。风水文化是徽州民居建筑的理论基础，对徽派民居建筑形态有着巨大的制约作用。

徽州民居在选址布局上以风水理论为依据，在宗族最高利益的制约下，按照阴阳五行学说，周密地观察自然和利用自然，以至天时、地利、人和诸吉皆备，追求人居建筑与自然环境的和谐融合，达到“天人合一”的境界。徽州民居建筑一般依水势而建，总体呈现出背山面水、山环水绕之势。民居建筑在色泽、体量、架构、形式、空间上，都与自然环境保持一致的格调。

徽人的居住习惯有许多禁忌，明清民居大多是大门朝北。汉代就流行着“商家门不宜南向，徵家门不宜北向”的说法。据五行说法：商属金，南方属火，火克金，不吉利；徵属火，北方属水，水克火，也不吉利。

住宅的选址布局决定了民居村落大的轮廓，典型的徽州民居村落在布局上强调整体轮廓的规范化和系统性，形成了如“船形村”、“牛形村”和“棋盘村”等许多风水村落。西递村与宏村建筑便是其中的代表，其村落整体布局巧妙、空间层次极富韵律，如西递村四面环山，两条溪流穿村而过，整个村落仿“船形”建造，一条纵向街道和两条沿溪的道路为主要骨架，构成东西向为主、南北向为辅的村落街巷系统，街巷两旁民居建筑错落有致，村落轮廓与自然环境和谐统一。又如宏村的整体布局为“牛型”，背靠的雷岗山为牛首，村口一对吉树为牛角，民居群为牛身，穿村而过的皂溪为牛肠，汇入牛胃形的月塘和南湖，绕村的山溪上四座木桥为牛脚。

徽州村落远不止有民居，它是包括祠堂、家庙等建筑在内的整体概念，没有了祠堂也就没有了村落。徽州富家大户为了巩固自己的地位，聚族而居，形成了极强的宗法观念和极严密的宗族组织，宗祠是住宅不可或缺的配套工程，通过它来凝聚宗族里的人心。

明代嘉靖年间开始，政府允许民间祭祀自己的始祖，从这时起，徽州宗祠大量涌现。最典型的是绩溪龙川胡氏宗祠。它后枕龙山，前伏狮山和象山，一条古道横陈前门，道外的龙川溪水环宗祠流过，注入新安江。站在小溪南岸往北看，宗祠中轴线上的影壁、平台、门厅、正厅、前后天井、寝厅和祭祠等建筑物，均衡而对称地排列，纵深 84 米。加上东、西、北三堵无窗高墙，十多米高的三重檐门楼以及从平台到寝厅逐步上升的地平、门楼、正厅屋脊和寝厅屋脊，造成了宗祠的雄伟气势。

黟县宏村

宏村，位于安徽省黄山西南麓，距黟县县城 11 公里，是古黟桃花源里一座奇特的牛形古村落。宏村始建于南宋绍兴年间(公元 1131—1162 年)，距今约有 900 年的历史。村落面积 19.11 公顷，现有完好保存的明清民居 140 余幢。整个村依山伴水而建，村后以青山为屏障，地势高爽，枕雷岗、面南湖，山水明秀，享有“中国画里的乡村”之美称。2000 年 11 月 30 日，宏村被联合国教科文组织列入世界文化遗产名录。(图 3－6　宏村南湖)

图 3-6 宏村南湖

一、村落发展历史

宏村宗谱记载:南宋绍兴元年(公元 1131 年),宏村汪氏原居住地遭兵乱焚毁,彦济公遵先祖遗嘱,率家人迁居雷岗。彦济公在雷岗之阳购得宅基几亩,造楼房四幢,共计十三间,定名弘村。清乾隆二年(公元 1737 年),为避帝讳(弘历),更名为宏村。宗谱上对八百年前的村落景观曾经有记载:"枕高岗,面流水,一望无际。"

宏村发展至七十七世时,已成为九房大族,开始在雷岗山下营建村落。1403 年,族中长辈请来风水师何可达为村落建设出谋划策。何在遍阅山川,详审脉络之后,提出:"引西溪以凿圳,绕村屋,其长川沟形九曲,流经十湾,坎水横注丙地,午曜前吐土官。自西向东,水涤肺腑,共夸锦绣蹁跹,乃左乃右,峰倒池塘,定主科甲,延绵万亿子孙,千家火烟,于兹肯构。"于是宏村人将村中心的天然泉眼扩大成月沼,并挖水圳,引西溪水进村基地,流入月沼,同时又在月沼北边建造了宏村第一幢汪家总祠堂——乐叙堂。

宏村以月沼和总祠堂为中心、水圳为纽带,村中的道路系统、宗祠系统、商业店铺系统开始逐步完善,"自元而明,渐成村墟"。

村落发展到明万历年间已是人丁兴旺,因为有月沼及水圳,村落内"火烛寝熄,人得安居"。万历三十五年(公元 1607 年),奎光公等 17 人共同主持,家族中"有田者以田作价,无田者出银工,历经三年建成南湖"。至此,村落的规模被北面雷岗山、东面道路、南湖及西溪所限定。

清嘉庆十九年(公元1814年)修建的南湖书院占地约4500平方米,成为村落内规模最大的公共建筑。在清乾隆、嘉庆年间,宏村已是"烟火千家,楼宇鳞次,森然一大都会也"。此阶段村落呈现出这样的格局:汪氏族人的住宅大都集中在村落的中西部,其他姓氏宗族集中在村落的东侧居住;虽是杂姓聚居同一村落,地域范围分隔明显。(图3-7 宏村总平面 陆元鼎)

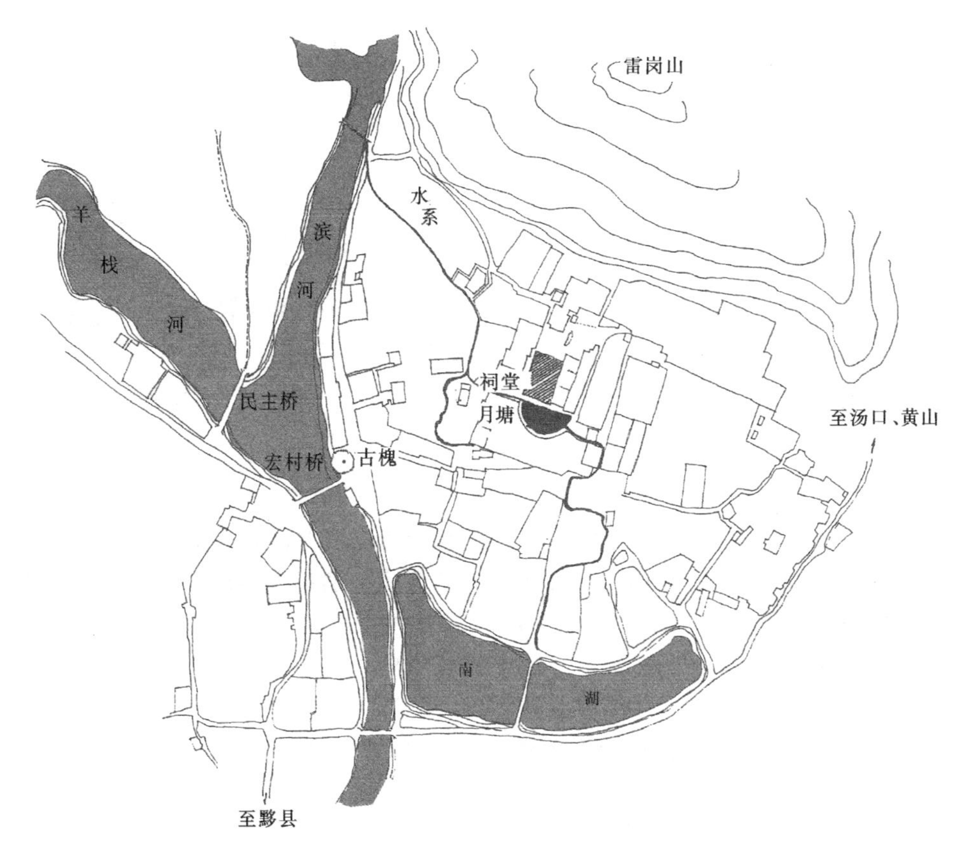

图3-7　宏村总平面 陆元鼎

二、宏村民居建筑

徽州地处山区,人多地狭,为了节约用地,不侵占良田,很多聚落选择田畴与山峦之间的坡地建造,住宅依地势随高就低布置。为了节约用地,两户之间间距非常小,从而形成许多宽仅数尺的窄巷。为了保证住宅的私密性及安全性,民居外墙一般高大结实,很少开窗。厅堂两侧用作卧室的厢房较为窄小阴暗,厅堂与天井之间完全开放,将自然引入房屋格局之中。(图3-8 宏村街巷)

宏村可耕地面积相对有限,可以建宅居住的面积更是狭小,有民居联曰:"屋小仅能容膝,楼高却可摘星"。宏村多以一家一宅为单位,虽有类似"宏志堂"这样的大型住宅,但数量不多,占地大的园林也多是在后院、前堂,甚至是大门与天井间并不宽敞的过渡空间内发挥:设高低错落的石条桌,上置盆景、怪石、草木花卉,或开挖小池,设临水轩、漏墙,搭设花架,通过对有限空间的巧妙布置,营造玲珑袖珍的园林环境。

图 3-8 宏村街巷

1. 宏村民居建筑特征

宏村民居建筑基本是围绕长方形天井为单元。有一单元独立结构,也有前、中、后三进单元,但大都是二进单元前后序列,还有的是两侧有回廊式并列单元。大部分前庭有庭院,也有的庭院位于两侧或后院。有的庭院中有水圳穿过,有的掘有鱼池,摆盆景,栽花卉,沿池设木制栏杆,便于小憩、观鱼、赏花。大庭院栽有石榴、碧桃、葡萄等果木。

村中精致奇巧的硬山式、歇山式、卷棚式屋顶青瓦覆盖,飞檐挑角,森然罗列。山墙处理各不相同,层层迭落的马头墙有的处理成上端呈人字形,两端放平,体形端庄俊逸;有的山墙做成弓形,角部青瓦起垫飞翘,显得十分清晰明朗。二进单元以上民居中,各单元山墙造饰并不雷同,高低错落,黑白交映,宽窄相衬。

宏村民居在装饰上精工细刻,富丽堂皇。大门内外都是齐整的大青石铺地,石台阶层层叠叠。大门有砖砌门罩和青石门框,门罩上镶砖刻石雕图案。檐口盖有青瓦,逐层挑出,间隔适度。

内部楼层栏板和柱拱之间美观大方,天花上绘有装饰图案,飞金走彩。楼层栏板边沿有栏杆,下有雀替相衬。楼层栏板上有楼厅窗扇,扇扇相环,可装可卸,构造规整明快。一般在一单元内大体图案相仿,但各单元之间则雷同极少,有几何图形、叶瓣形。

窗门和天井两侧厢间的隔扇门、隔间墙上的透雕石窗的装饰也别具一格。宏村民居天井两侧多有梢间,其隔扇门也雕有各式图案,云纹剔透玲珑,都是整幅木板精雕镂空,构图奇特,大都是以中线为轴,左右对称,有的呈连环图案,有的呈几何图形。有的厅中摆着楠木古桌,厅两侧大都设有书案、茶几、木椅,十分典雅清幽。

2. 宏村承志堂

承志堂是宏村一幢大型徽商民宅，坐落在宏村牛肠水圳中段，为清末大盐商汪定贵建造的私家住宅，始建于1855年。承志堂整栋建筑为砖木结构，总占地面积约2100平方米，建筑面积3000余平方米，全宅有9个天井，大小房间60间，136根木柱，大小门窗60扇。全屋分内院、外院、前堂、后堂、东厢、西厢、书房厅、鱼塘厅、厨房、马厩等，是一幢保存完整的大型徽州民居建筑。（图3－9　承志堂平面 陆元鼎）

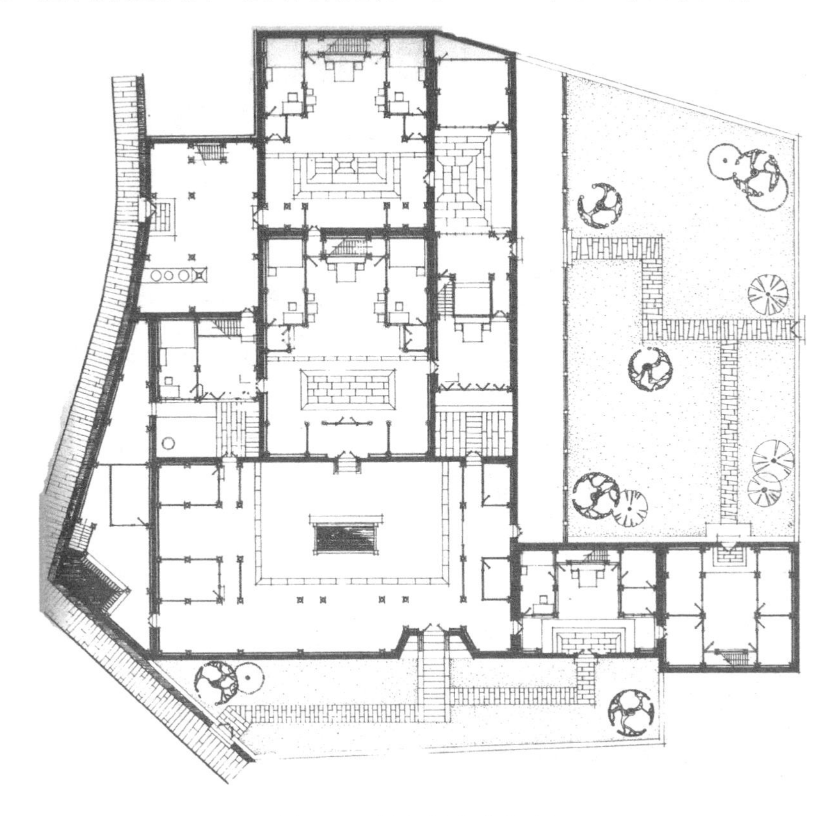

图3－9　承志堂平面 陆元鼎

承志堂以中门、前后正厅堂为中轴线，由长廊把各单元贯穿起来，各房间有巷路连接，延伸至房子的四面各处，供人绕行，可与过水廊连接绕屋一圈，可避开中庭直接通到门厅，雨天可绕房子一周而淋不到雨。隔而不绝的空间设计，是承志堂的一大特色，细致典雅的门框或窗扇，暗示着内部空间的私密性，便于访客进退，能维护居家环境的安宁。

前厅是整幢房子中最精华的部分，大门后面耸立着一道威仪的中门，据说，汪定贵在经商发家之后曾捐了个“五品同知”的官衔，有了这个荣誉之后，汪定贵便增设了一道具有官家威严的中门，一般只有在重大喜庆日子或达官贵人光临时才大开中门以示欢迎，普通客人只能从中门两侧的边门入内。仪门的两个侧门上方都别出心裁地雕了一个“商”字形图案，又似倒挂的元宝，意为财源滚滚。汪定贵虽然经商发了财，而且捐了官，但经商在古代仍被划分在九流之外，于是想出此策，意思是说从边门出入的人，不管你从事何种职业，到我家来，都要从“商”下过。(图 3－10 承志堂前厅)

图 3－10 承志堂前厅

中门的上方高挂一个“福”字，前厅横梁上雕有一幅“唐肃宗宴官图”，此幅木雕是在一整块的横梁上雕刻而成。古代是先架梁，后雕刻的。木雕画面所展示的是唐肃宗宴请文武百官，大家在赴宴之前所进行的各种娱乐活动，琴、棋、书、画尽收其中，细小之处刻划得惟妙惟肖。此幅木雕人物之众，层次之多，堪称木雕中的精品之作。在“唐肃宗宴官图”两边的额枋上，又雕有“元宝”与“金钩钓鱼图”，“鱼”同“余”谐音，意思是“年年有余”。

前厅的拱棚上，还有国内罕见的“倒立双狮戏球”木雕棚托，厅堂两侧卧室的厢房门上雕有“福、禄、寿、喜”四星和各带一名道童的“八仙”，寓指在人生的道路上能够“八仙过海，各显神通”。

前厅楼上是闺房，房顶有天窗，采光性能好，便于闺女绣花描红。栏杆上设有瞭望窗，小姐从这里可以窥望楼下大厅，特别是相亲时，小姐可以把来提亲的才子看个仔细。如合心称意，就会共结连理。

承志堂整幢房舍共开了九间天井，天井在商人的眼中好似一个聚宝盆，下雨便是下金子，下雪则是下银子，喻意财源滚滚从天而降，而雨水从天井的四角流入地下，则为“四水归堂”、“肥水不流他人田”之意。承志堂前厅天井的四个角上分别写有“天锡纯嘏”四字，表明主人所得的一切均是上天所赐予的，“锡”通“赐”，表示水枧用纯锡打制而成。

承志堂后厅的每根柱子的基石上都刻有一个“寿”字，横梁木雕则采用了“郭子仪上寿”及“九世同堂”图。郭子仪为唐朝大将，平定“安史之乱”的有功之臣，被肃宗皇帝封为汾阳王。传说肃宗皇帝将女儿升平公主许配给郭子仪的小儿子郭瑷为妻，郭子仪寿诞之日，七子八婿均上门拜寿，唯独郭瑷之妻倚仗自己是金枝玉叶的公主，强调君不拜臣而不行儿媳之礼，结果被恼怒的郭瑷所打，形成了《打金枝》这出脍炙人口的剧目。“九世同堂”即传说山东郓城县有一位名叫张公义的官员，其子孙世代为官，九世同堂，一时被传为佳话。在后厅雕刻这两幅木雕，主人意在教育子孙后人要孝敬长辈，希望自己能够子孙满堂，福寿绵绵。

承志堂后厅的左侧是当时的娱乐场所——排山阁与吞云轩，排山阁是当时打麻将的场所，因为打麻将洗牌时哗哗的声音有如排山倒海之势而得名；吞云轩，顾名思义，是当时专供家人吸食鸦片的场所，以此可见，主人在经商发财之后追求享乐、穷奢极侈的生活。

吞云轩的左侧是承志堂的花园，里面有亭台水榭，花草树木，是一处陶冶性情的场所。承志堂前院左侧为公子、小姐的书房，右侧为设计独特的三角形空间鱼塘厅，为家人修心养性的场所，也为管家的起居之地。塘沿设有“美人靠”，上有一方天井，下有两口明塘。坐在厅中，抬头望月，俯首观鱼。鱼塘厅的墙设一石雕漏窗，雕“喜鹊登梅”图案，名曰“四喜图”，又称“喜上眉梢”，是徽州石雕精品。

后堂右侧通向厨房，占地六十平方米，过去有一大排灶台，楼上还有一层。厨房通西厢天井有水井一口，办几十桌酒席都很宽松。

知识窗

宗　祠

宗祠是中国千百年来宗法制度下的乡土社会里最重要的公共建筑。宗祠也称祠堂，是供奉祖先神主，进行祭祀的场所，也是从事家族宣传、执行族规家法、议事宴饮的地方，被视为宗族的象征。宋代的朱熹开始提倡建立家族祠堂：每个家族建立一个奉祀高、曾、祖、祢四世神主的祠堂四龛。至明代，宗祠一般建于宗族聚居的近地，岁时由族长率领族人共同祭祀，成为族权与神权交织的中心，体现了宗法制度家国一体的特征。

宗祠在血缘村落里是一个结构性因素，宗祠的风水对村落的结构布局起着重要的甚至是决定性的作用。明代万历年间编写的《永昌赵氏宗谱》的序中写道："前有耸峙，后有屏障，左趋右绕，四山回环。田连阡陌，坦坦平夷，泗泽交流，滔滔不绝。山可樵、水可渔、岩可登、泉可汲、寺可游、亭可观、田可耕、市可易。"可谓中国广大农村普遍遵循的聚落选址的基本原则。在浙江农村，宗祠前面多数有泮池，为半月形，直径和宗祠的宽度相等。居民在这里浣洗、取水，但是不许洗秽物，也不许家畜和家禽靠近。泮池的外侧通常是绿地，祠堂两旁和背后也常有绿地，甚至花园。

宗祠也是村子建筑艺术的重点。宗祠的大门或者有华丽的门楼，或者有庄严的门廊。族人有了科举成绩，举人以上还可以在宗祠的大门前立一对杆子——"桅杆"，在桅杆上装一只斗，进士的话可以装两只斗。

宗祠是礼制建筑，它的形制从住宅演化而来。宗祠主要由三部分组成，从前到后分别为：大门门屋，拜殿或者叫享堂（即进行祭祀仪式的地方）以及寝殿，专为供奉祖先牌位。《合肥邢氏家谱》中写道："家庙者，祖宗之宫室也，制度即隘，也少不得三进两庑，前门户，中厅事，后寝室。"（图 3－11 宗祠立面）

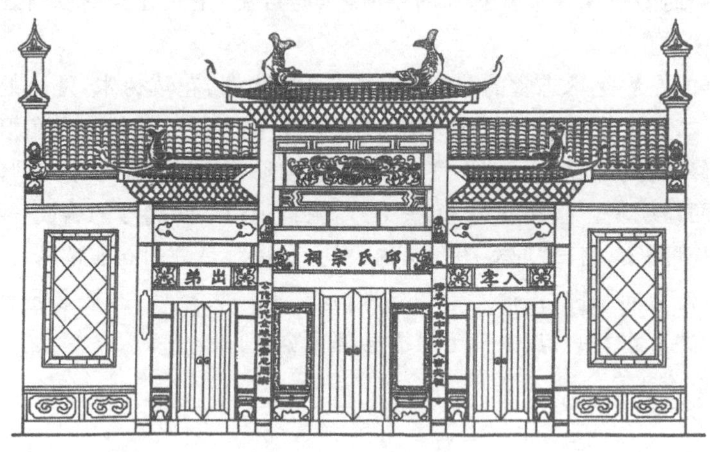

图 3－11　宗祠立面

宗祠大门上往往有匾。大宗祠没有名号而只书"某氏宗祠"或者宗姓郡望，如荥阳世家、颍川世泽之类。宗祠之下叫做厅的，则多用堂号，如尚礼堂、敦本堂等。

大宗祠门屋内一般都有戏台，戏台主要有三种，一种全部都在门屋的明间里面，一种有一半凸出于明间之外，第三种则全部凸出，前面高高翘起一对翼角，后台则在门屋的明间里。

祠堂的第二进拜殿一般形制是三开间，特殊人物则为五开间。祠堂的拜殿前檐完全开敞，木构架都很粗大，装饰以雕刻。梁枋上悬挂匾额，内容多为歌功颂德。

柱身上挂楹联，其中的长联统叙列祖的功业。

明间的后下金柱之间大多有樘板，可以开启如门扉，在恭请祖先神主时因为要出入后院的寝室，把樘板打开。樘板上方悬挂祠堂的堂号，如敦睦堂、德馨堂等。拜殿的两个次间，前下金柱和前檐之间的轩顶下，驾着钟鼓，在祭祀时应仪式而敲响。(图 3－12 祭祖 王其钧)

图 3－12　祭祖 王其钧

拜殿的后墙为砖砌，中央明间设门，从樘板两端下金柱后面的耳门可以绕到樘板的后面，再从这道门出去通向后院。

后院的正面是寝室，专供祖先神主。为了保护神主的安全，有些宗祠在后院中央砌一道墙。放置神主的神橱往往是小木作精品。绝大多数宗祠的神主都是按昭穆次序排列。正大门平常不开，只在春秋二祭或族人议大事时开启。正厅外有储藏祭器、遗书的小房子。普通的祠堂只有一间正厅，内设 4 个龛，龛中置一个柜，内藏祖宗牌位，龛神位依次为高祖考、高祖妣和考、妣的官位、姓名字号。每龛前各设一矮长桌，用以摆放祭品。宗祠厅堂的龙壁贴有符篆、用“金箔”及锡箔色纸剪成的镜、尺、剪刀、双喜等图，用以镇宅。符篆多书“北方玄武大神镇宅”、“西方白虎大神镇宅”、“东方青龙大神镇宅”、“南方朱雀大神镇宅”等字。

第四章　青砖窑院

晋　商

晋商，指明清500年间的山西商人，晋商经营盐业，票号等商业，尤其以票号最为出名。明朝末年，一些山西商人以张家口为基地，往返关内外，从事贩贸活动，为满族政权输送物资，甚至传递文书情报。山西商人对清统治者加强对蒙古地区的统治起到了配合作用。清在统一中国过程中及历朝大规模的军事行动中，大都得到过山西商人的财力资助，为清军的军事行动保证了后勤之需。当然，清政府也给予了这些商人独有的经商特权，使他们大获其利。

明清晋商是封建统治阶级的附庸，山西商人始终靠结托封建政府，因为为封建政府服务而兴盛。当封建政府走向衰亡时，山西商人也必然祸及自身。“以末致富，以本守之”的传统观念，束缚了晋商的发展。晋商购置土地者很是普遍，有民谣称：“山西人大褥套，发财还家盖房置地养老少”。这句民谣反映了晋商外出经商致富后，还家盖房、置地、养老少的传统观念。随着外国资本主义的侵入，旧有的商业模式已被打破，但是由于晋商中一些有势力的财东和总经理思想顽固、墨守成规，以致票号失去改革机会。

也正是由于显赫一时的晋商家族不遗余力地为自己和子孙后代营建宅院，今天山西境内，特别是晋中地区保存下了众多晋商大院，如祁县乔家堡村的乔家大院、祁县县城的渠家大院、长治的申家大院、灵石静升镇的王家大院、榆次东阳镇车辋村的常家庄园等，与晋西南丁村民居、晋东南皇城相府、晋北阎锡山故居等共同构成了各具特色的山西民居类型，成为研究中国传统民居文化的宝贵遗产。

山西民居

在中国民居中，一向有“北山西，南皖南”的说法。山西民居中，最富庶、最华丽的民居要数汾河一带的民居，而汾河流域的民居，最具代表性的又分布在晋中地区的祁县和平遥。

一、山西民居类型

山西位于华北平原西部，雄踞于黄河中游的黄土高原之上。境内山峦起伏、沟壑纵横，丘陵、盆地遍布其间。晋南自然环境较优，宜于农耕，故有“勤于稼穑”、“务耕织”之说。晋南人崇尚礼仪，举止儒雅，较为内向；乐于安适的田园生活，不愿离家。晋中以其浓厚的经商风气著称于世，居民善于理财，勇于外出经商致富。晋北自然条件较差，生活环境艰苦，历史上与北方游牧的少数民族接触密切，民间习武尚勇。故山西民居因其地域差异，又可以分为晋北、晋西北、晋中、晋东南以及晋南民居。

1. 晋北民居

晋北民居以砖木结构及御寒性强的厚层土坯屋为主，多平顶，正面多木柱式，满面开窗，采光较好。晋北民居常毗邻排列，呈“一”字形布置，有“排排房”之称。普通农家为土墙平房和砖墙平房。一般是明两暗，明为堂屋，两暗为住室，一连三间。屋顶是平的，可以晒粮食、存放谷物。（图 4－1 晋北民居立面）

图 4－1　晋北民居立面

2. 晋西北民居

晋西北民居主要是靠崖窑和重檐木楼两种类型。

靠崖窑即是在垂直崖面上开掘横向穴洞的一种民居形式。窑洞具有施工简便、造价低廉、冬暖夏凉、不破坏生态环境、不占良田等优点。虽然在采光通风方面有一定的局限性,但是在晋西北少雨的黄土高原地区,仍为人们习用的民居形式。靠崖窑院有单孔、双孔并联和三孔并联之分。(图 4-2 晋西北民居立面)

图 4-2 晋西北民居立面

两层重檐木楼主要分布在管涔山一带,这里盛产杉树、松树,为建造木构架住宅提供了物质前提。该类住宅首层层高较低,二层相对较高,主房坐北朝南,前部多设上下前廊。

3. 晋中民居

晋中民居以四合院为主,院落一进到三进。多由大门、倒座、过厅、垂花门、正房及各院厢房组成。厢房后墙与正房、过厅、倒座山墙平齐,形成窄长的院落,因此称为“窄院民居”。大的院落由几组院落并列而成。院子入口设在倒座中,多在中间辟门。较小规模的院落多用“三三制”,即正房、厢房、倒座都是三间组成的四合院。(图 4-3 晋中民居立面)

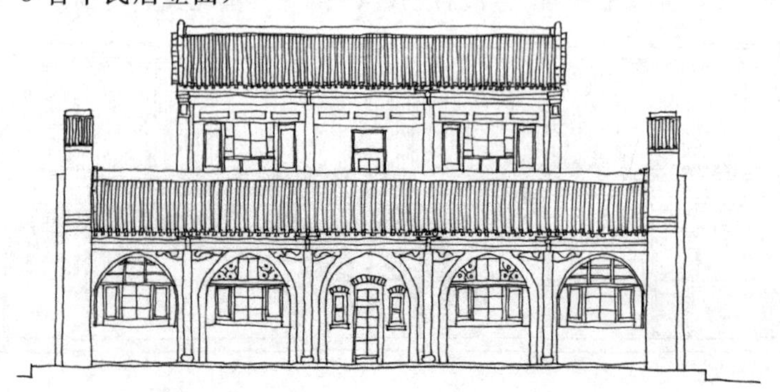

图 4-3 晋中民居立面

晋中地区由于明清时期商业繁盛、经济发达，建造技术水平也最高。被称为“北方民居的璀璨的明珠”的祁县乔家大院，兼容了官僚府第的气派和富商巨贾的奢华。

4. 晋东南民居

晋东南住房类型变化较多，各种民居形式几乎都有，最有特点的是二层楼房。一层一般是居室，二层一般不住人，只是放些粮食、家具、杂物之类的东西。院落采用独院或几进四合院，院多方正宽大，入口邻街设置，没有固定规式，但都在院落的下方、入口处一层设门，二层设门楼。门楼有的高起，有的与偏房齐平，都与正房贯通。（图 4 - 4 晋东南民居立面）

图 4 - 4　晋东南民居立面

5. 晋南民居

晋南民居亦多四合院，为土木、砖木结构的大瓦房，少数地方盖有二层楼。丘陵地带则以窑洞为典型，如平陆、芮城的地窨院，即从平地直挖成长方形的大坑，深 6～10 米，长宽为 15～18 米，然后在坑壁四周掏挖窑洞，院角某处打隧道通向崖顶作为出口，安院门。（图 4 - 5 晋南民居立面）

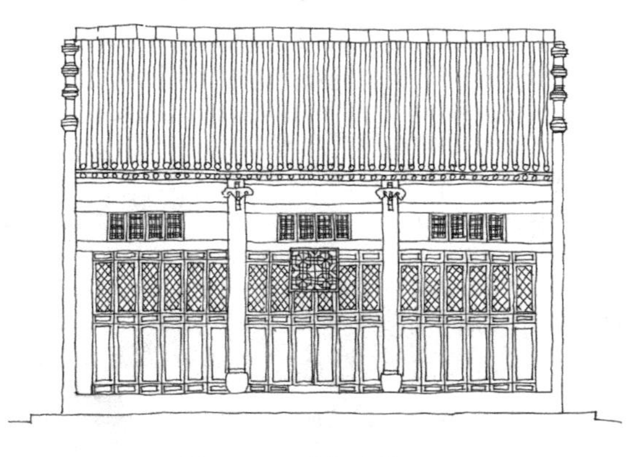

图 4 - 5　晋南民居立面

二、晋中晋商大院

山西晋中一带在明清时期是秦陇等地北上京城秦陇等地的必经驿道。也是南下汾渭平原的关口驿道。在明代，为了防卫北方游牧民族南下侵袭，政府下令加修长城，屯兵卫所，并修建了九边重镇。大量军事目的的边关城镇和屯兵聚落驻扎晋中地区，为晋商的兴起提供了契机。晋中商人的聚落与宅第便集中体现出当时的社会观念和组织结构特点，反映出理性和秩序的建造模式。

1. 晋商大院空间布局

大院内部聚落组织受井田制、里坊制等影响较深，较为严整，多分为几部分毗邻而建，内部紧凑而有规则。大院四周围以厚实的高墙形成坚固的外壳，呈现封闭感，有时墙下还挖有壕沟，与堡墙一同起着防御作用。宗祠或庙宇多分布于堡门附近及主街的尽端。泰山石敢当、影壁、风水楼等广泛分布于聚落的各个空间中。

晋中一些大院具备了堡的基本特征，有些不是完全意义上的堡，但也都是高墙壁垒，布局严整，在选址和建设上体现出强烈的防御性。堡的选址与营造均表现出明显的设防意识，尽量利用地势优势，布局规则整齐，显示出严格的等级礼教思想。

2. 晋商大院院落组织形式

晋中民居平面为东西窄、南北长的纵长方形庭院，常见的为一进到三进，通常以三合院、四合院为主。中间多以矮墙、垂花门分隔，采用三三制形式，即正房、厢房、门房各三间，较大的院宅有五间的，正房坐北朝南，通常采用两层楼阁形式。厢房等次要房间为木构单层单坡瓦顶，南房为倒座形式。屋顶有坡顶、平顶等。(图 4-6 晋中民居平面)

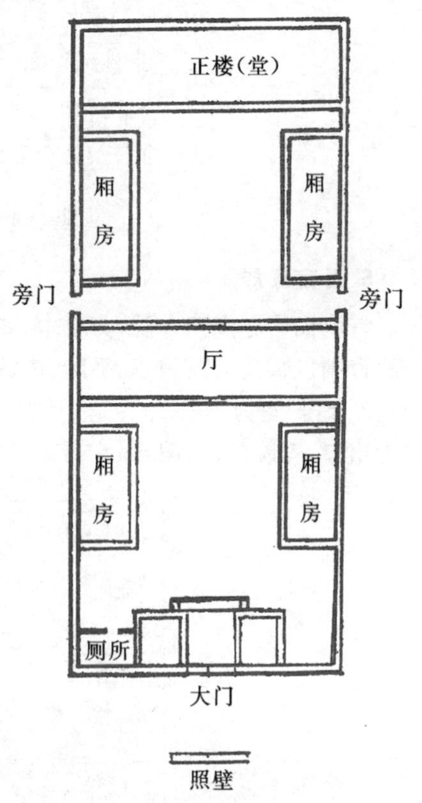

图 4-6 晋中民居平面

前院与内院隔以中门院墙，前院较浅，以倒座为主，用作门房、客房、客厅。后院中的正房为长辈起居处，厢房为晚辈起居处。正房以北有时仍辟小院，布置厨厕、贮藏间、仆役住室等。深宅大院以纵深增加院落，再向横向发展，增加平行的几组纵轴，在厢房位置辟通道，开门相通，跨院对外不开门。院落纵深可多至四五进，垂花门位于第二进入口处。（图 4－7 晋中民居剖面）

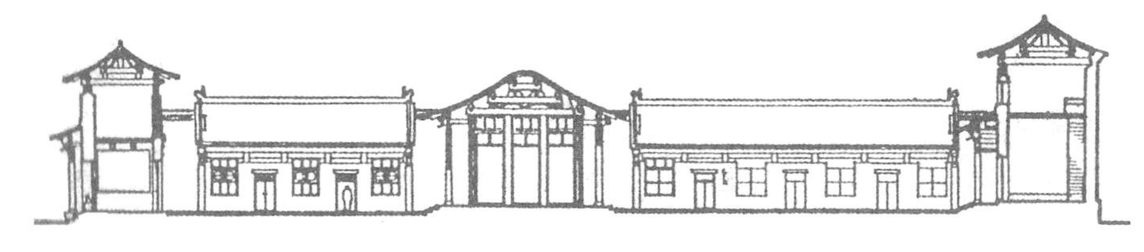

图 4－7　晋中民居剖面

山西传统民居的宅门有凸出、凹进式两种。进入宅门后对面就是影壁，通过宅门到影壁空间的收敛，使宅外与宅内两个空间之间有了过渡。

3. 晋商大院外观

晋商大院屋顶常采用筒瓦或小青瓦，有脊兽，个别民居正房顶部设风水壁以示吉祥，且可防风沙。大院结构以砖土、砖石结构为主。院落外围的建筑多为单坡顶，向院内倾。自家院内的房屋则做成双坡硬山或卷棚顶，佣人房及附属用房多做成平屋顶。

山西地处中国北方，降雨量有限，水极为珍贵。屋顶设计针对水的处理都是使之流向自家门庭，象征财源的流入。同时，向内倾斜的单坡屋顶也使外墙高大，有利于防御。

晋中有“以东为上”的习俗。当两户的院落背靠相遇时，两个单坡顶的屋顶相邻，大家就按“压东不压西”的做法，使东院的西厢房的屋脊低于西院东厢房的屋脊，这样整个村落外观表现出富有变化的高墙、屋顶、大门，形成简洁而有节奏感的轮廓线。

三、晋中民居的建造与装饰

1. 晋中民居的建造

晋中民居多用木柱木梁架座承重结构，用夯土墙、土坯砖和砖墙做围护结构，用麦秸泥苫背铺青瓦做屋面。这种结构形式中，梁柱可以分别制成构件，便于拼装施工，利用厚重的屋面的重力保证结构稳定，同时有较好的防寒、隔热性能。具体的做法是：在二层的正房中，前檐用通柱支持梁架做双坡构架，在一层处前檐出硬脊或者卷棚抱厦，后檐用砖墙代替木柱，且用砖砌叠涩封住檐部，使檐檩及檐椽不外露；厢房用半梁架的形式构成一面坡屋顶，前檐用木柱支撑，梁架后端支于后檐墙上，后檐墙向上砌起直至屋顶最高处，墙顶砌成正脊，正脊外侧用砖叠涩出小披檐；过厅常用卷棚式梁架结构，前后檐用木柱支持梁架，当前后出檐时，另立檐柱支持檐檩。

二层的倒座结构做法与正房相似，但是前后檐都不封檐，檐椽直接外露。当倒座的明间作大门时，在后檐中间做抱厦。

屋顶的做法为椽上铺苇箔，其上用麦秸泥做苫背，用以黏附板瓦。板瓦仰面铺砌，瓦面纵横整齐。在坡面两边做2～3垅合瓦压边。正脊有的用青砖砌筑，也有的用板瓦俯仰组成花墙或者屋脊。

墙身一般全用砖砌筑，也有的下部用砖，上面用土坯砌筑。内墙厚30厘米，外墙厚35厘米，山墙厚50厘米。下部砖墙砌1～1.1米高，墙内壁用麦秸找平，表面用白麻刀灰抹光。

砖石结构与木结构混合体系指砖石结构的窑洞与前部木构架插梁或窑洞顶部的木构架结构共同形成。是集窑洞冬暖夏凉与木构的精巧美观于一体的结构，适应当地的气候条件，满足居住者的生活需要。

2.晋中民居的装饰与装修

民居作为一种文化符号，其表意的方法是多种多样的，常会用图腾、花纹并以汉族惯用的象征、隐喻手法来传达人们的思想观念。

(1)音、形、意相结合的表达手法

所谓音意，是指以音喻义，用某些实物来获得一定象征效果的表现手法。例如：以喜鹊、奔鹿、蜜蜂、猴子四种动物的形象，构成图案，用动物名称的谐音，拼成“喜、禄、封、侯”，其喻意即祝福满门喜庆、高官厚禄 。

所谓形意，是指用直观的形象表达一些长久以来固定下来的特定内容。如以“三娘教子”故事来劝勉子孙上进；以天仙神祇的图像反映民间对生活、命运的祈求与愿望。

对于一些内容复杂、含义多元的表现题材，往往采用音意、形意结合使用的表达手法，以便能准确全面地体现其中的含义。如在宝瓶上加如意头喻示“平安如意”；用莲花图案托起大斗，中置戟三把，象征“连升三级”等。

(2)三雕装饰

雕刻是山西民居最常用的装饰手段，从其材料的选择上来看，主要有木雕、砖雕和石雕。这些雕刻艺术品寓意深刻，疏密有致，恰到好处 。木雕主要分布在门户、窗棂、隔扇、屏风、挂落、匾额、垂柱、勾栏、雀替、梁枋等建筑构件上。木材具有易于雕刻，拼连随意的优点，表现力是非常丰富的，反映的内容也十分广泛，如“福禄喜寿”、“千秋万岁”、“和合二仙”、“牡丹富贵”等。

砖雕则主要分布在屋脊、屋檐、墀头、影壁、门脸、窑额、神龛、烟囱、女儿墙顶等部位上，题材多以吉祥图案为主，如“犀牛贺喜”、“麒麟送子”、“鹿鹤同春”、“四季花卉”等。这些图案构思精巧、手法细腻，大块的给人以整体的和谐美，小块的具有局部的点缀美，不但没有多余繁琐之感，反而增添了建筑物的景致。

石雕的应用也非常普遍，主要分布在础石、门砧石、挑檐、泄水口、上马石、拴马石以及用于观赏的石狮、碑碣等部位上。

(3)炕围画与剪纸

炕围画和剪纸也是山西民居中颇具地域特色的两种装饰手段。在山西，火炕是一家人必不可少的活动场所，寝、食、娱乐等各种行为几乎都是在火炕上进行，火炕周围的墙面、窗户便成了装饰的重点部位。炕围画就是在绕炕周围一米高、数米长的墙面上绘制的彩画装饰，其绘画的题材内容十分广泛，传统戏曲、历史人物、花鸟鱼虫、五谷丰登，甚至蔬菜水果都成了人们寄托情趣的丰富题材。

炕围画的绘制有一套固定的程式，即以上下两组边道，按照一定的规格布置而形成主体框架，中间等距离安排各种绘画题材，既具有完整对称的形式，又具有简繁对比、主从相映的思想内涵，从而形成了一种独特的艺术形式。

火炕的一面毗连窗户，因此山西民居对于窗户的装饰也是颇具匠心的，其中最常见的手法就是在窗户上粘贴剪纸图案，称为“窗花”，贴在门楣上的则叫“门签”。从山西民居窗户式样来看，主要是利用各种花纹，再在窗棂上裱以白色窗纸，具有较强的装饰性。

乔家大院

乔家大院，又名“在中堂”，是清代著名的商业金融资本家乔致庸的宅第，始建于清代乾隆年间，以后曾有两次增修，一次扩建。经过几代人的不断努力，于民国初年建成一座宏伟的建筑群体，占地 8724.8 平方米，建筑面积 3870 平方米，共 6 个大院，19 个小院，313 间房屋，集中体现了清代山西民居的独特风格，具有很高的观赏价值。(图 4-8 乔家大院全景)

图 4-8　乔家大院全景(百度图片)

一、乔家大院建筑历史

乔家大院位于祁县乔家堡村，大院三面临街，不与周围民宅相连，是一座城堡式建筑。大院四周是全封闭的砖墙，高10米有余，上层是女儿墙式垛口，更楼、眺阁点缀其间，显得很有气势。

乔家大院始建于清乾隆年间，第一次增修是在光绪年间，由乔致庸主持；另一次增修是在民国十年左右，由乔映奎经手。乔家大院北面有3个大院，从东往西依次为：老院（或称统楼院）、西北院（或称明楼院）、书房院；南面3个大院，从东往西依次为：东南院、西南院和新院。

清乾隆年间，乔全美和两位哥哥分家，在大街与小巷交叉的十字路口东北角买了若干土地，在此基础上起建了里五外三的穿心楼院，主楼造型为硬山顶屋顶，有窗棂而无门户，是封闭式统楼，因而叫统楼院。主楼与倒座门楼隔二进门遥相对峙，很有气势。主院东面还修盖了附属偏院，是乔家大院最早的院落，称为“老院”。

乔致庸当家以后，生意兴隆，人丁兴旺，在清同治初年开始大兴土木，在老院西边隔一条小巷的地方购买了一批地皮，修建了一座楼院，同样也是里五外三，主楼改为悬山顶通天柱屋顶，因为是有阳台走廊的明楼，故又叫做明楼院。继明楼院之后，乔致庸又在与两楼院隔街相望的地方，陆续兴建了两个横五竖五的四合院。东面的叫东南院，西面的叫西南院。四座院落正好位于街巷交叉的十字路口四角，后来连成一体，奠定了乔家大院的基本格局。

“在中堂”后来取得了街巷占用权，小巷便建成了明楼院和西南院的偏院。在东面兴修了大门，西面起建祠堂，两楼院外又扩建了两个外跨院，并以大门顶楼为桥梁，在各院房顶增设通道，使四院连通。房顶又增修眺阁、更楼，作为巡更放哨之用，形成了城堡式的建筑群。

到了清末民初，“在中堂”人口日益增多，住房已嫌不足，于是继续向西扩展。到民国十年(1921年)以后，紧靠西南院起建新居，称“新院”。新院格局与东南院相同，但在窗户式样上已注意到采光效果，全部装镶大格玻璃，并引进了西洋式的窗户装饰。

1938年9月，因不堪日军骚扰，“在中堂”合家老小60余人纷纷离去，避难于平、津等地，从此就再没有回来。

二、乔家大院建筑格局

1. 整体布局

乔家大院宅第大门坐西朝东，高大的顶楼与城门洞式的门道，显示了主人不同一般的身份和地位。顶楼正中高悬蓝底金字匾额“福种琅环”。这块匾是“庚子事变”后山西巡抚送的，慈禧西逃时，“在中堂”曾捐献白银10万两。黑漆大门扇上，装饰一副椒图兽衔大铜环，还嵌着一副铜对联：子孙贤，族将大；兄弟睦，家之肥。大门顶上石雕楹额上书“古风”二字。整个门景浑厚、质朴。与大门相对的是砖雕百寿图照壁，上刻100个形态各异的篆体寿字。两侧配以清末军机大臣左宗棠的篆书对联：损人欲以复天理，蓄道德而能文章。

大门以里是一条石铺的甬道，长约80米，宽7米，将6个大院分隔两旁。甬道两侧靠墙有护墙围台。甬道尽头是祖先祠堂，与大门遥遥相对。祖先祠堂为庙堂式结构，围以狮头柱寿字石雕扶栏，柱顶栅是玉树交荣、兰馨桂馥图案的木雕。雕饰金碧辉煌，正中高悬匾额：荫庇长昌。

北面3个大院，都是庑廊出檐大门，暗棂暗柱，三大开间，车轿出入绰绰有余，门外侧有拴马石和上马石。从东往西，一院、二院都是三进院，是祁县一带典型的“里五外三穿心楼院”，即里院南北正房、东西厢房都是五间，外院东西厢房却是三间，里外院之间有穿心过厅相连，外院南房、里外正房都是二层楼房，遥相呼应，巍峨壮观。二门以里是车轿停驻之地，石头铺地。

南面3个大院，都是二进四合院，院门为硬山顶半出檐台阶式门楼，须拾级而进。南北6个大院，各由三五个小院组成，院中有院，院中套院，而又各不相同。所有的院落都是正偏结构，正院为主人居住，偏院则是客房、佣仆住室及灶房。偏院较为低矮，房顶结构也大不相同：正院都是瓦房出檐，偏院则是平房，既表现了伦理上的尊卑有序，又显示了结构上的高低有致。大院有主楼4座、门楼、更楼、眺阁6座。（图4-9乔家大院明楼院）

图4-9　乔家大院明楼院（百度图片）

2. 院落模式

乔家大院是比较典型的窄院型四合院。建筑围合成狭长的矩形院落，长宽比例近于二比一。窄型四合院内院的比例跟该地区的自然环境、社会文化及当时的经济条件等因素有关。首先，晋中地区一年有五个月风沙不断，即使外面狂风呼啸，院内也依然安然无恙。其次，由于当地金融业发达，地价上涨，为了节约用地，院落采取长方形的布局形式。第三，晋中地方植物生长期较短，院内一般较少种植花木而用方砖铺满地面，这样不遮挡射入的光线，同时提高防御性。（图 4－10 乔家大院明楼院剖面）

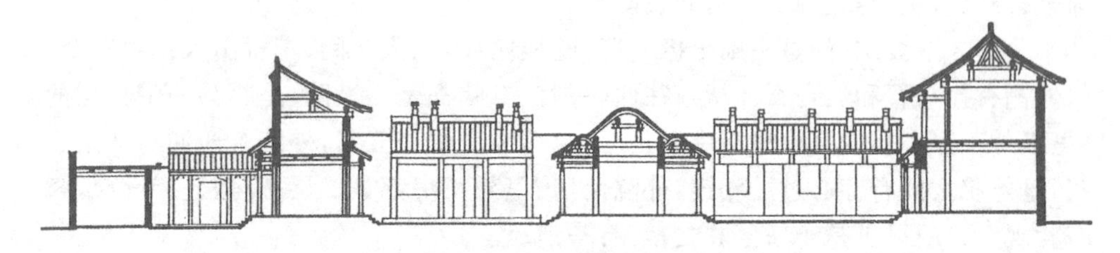

图 4－10　乔家大院明楼院剖面

“一正两厢”是乔家大院各院落的基本模式，配以倒座、大门，成为单进院；加上垂花门、过厅、外厢，组成纵深串联的二进院、三进院；再并联侧院，形成主院与跨院的横向组合；通过内外院的串联，正院和侧院的并联，构成网络交织的院落组群。

乔家大院东北院和西北院为“三进五连环套院”，又称“里五外三穿心楼院”。这两个院落的厢房分别各有八间，厢房设计的特别狭长，用垂花门、牌楼门和过厅进行分割，形成二进院落，里面厢房为五间，外面为三间。从东南面的大门进入，是东西向狭长的外跨院，外跨院北设正院和偏院的二门。

3. 建筑单体

正房是大院中最重要的部分，在院落中等级最高。按祁县的风俗，正房多用作供神祖牌位和接待宾客、操办婚礼之用。院落和厢房都采用了层层递进式。中国古代建筑十分讲究“连升三级”之说，从外院向内院逐渐抬高以示家族繁荣昌盛，人丁兴旺。

乔家大院的东北院和西北院的正房最为恢宏，统楼和明楼都为二层结构，面阔五间，入口施雕饰富丽的门罩。统楼有窗无门，墙厚窗小，有明代遗风。统楼是一色的青砖到顶，木结构全部被封在青砖以内。明楼二层设有前檐廊，廊柱间刻有雕花雀替，斗拱三才，檐下木构件施彩绘。（图 4－11 乔家大院统楼院）

乔家大院的倒座房位于南面，与正房相对，一般用作杂物房或客房，装饰简单。东北院和西北院的倒座都为两层，与正房的统楼、明楼相呼应，像两个中间凹两头

图 4－11　乔家大院统楼院

翘的元宝，被称为“元宝院”。

乔家大院的屋顶多为单坡屋顶，这种单坡屋顶既有防御的功能，也有趋吉的意向。因为祁县当地雨水少，单坡屋顶能够将雨水汇入院中，称为“四水归堂”。此外，乔家大院的屋顶形式还有硬山顶、卷棚硬山顶、歇山顶、平顶等，站在楼上远眺，屋顶起伏变化，极富韵律感。

三、乔家大院装饰

1. 木雕

乔家大院的木雕艺术品约有 300 余件，各院的正门上都有木雕人物，而且各不相同，分别为天官赐福、三星高照、和合二仙、招财进宝、麒麟送子、回回献宝等多种形式。柱头雕刻也是多种多样，有八骏、松竹、葡萄，表示蔓长久远；有垂瓜，象征瓜瓞绵绵；有垂莲，则是希望连生贵子。大门横木的 4 个门档上，也刻有形态各异的 4 头狮子，寓意四时如意。过厅隔棂上则是大型浮雕“八仙献寿”，造型优美，栩栩如生。

2. 砖雕

砖雕也是乔家大院俯仰可见的装饰。房顶上有脊雕，女儿墙上有扶栏雕，院门内侧有对称性壁雕，院门对面则有神祠雕或屏雕，甚至连屋顶烟囱也各有不同雕式。艺术价值高的大型屏雕共有两处：一处是门处的百寿图，另一处位于新院院门正面；大型神祠雕亦有两处，分别在老院和东南院内。

砖雕题材也很广泛，诸如：荷盒（和合）二仙、三星高照、四季花卉、五蝠（福）捧寿、鹿鹤（六合）通顺、明暗八仙、八骏九狮、一蔓千枝、葡萄百子、龟背翰锦、喜鹊登梅、渔樵耕读、出将入相、梅竹兰菊、花开富贵、文房四宝。

3. 石雕

乔家大院石雕工艺品较少。除祖先祠堂石雕寿字扶栏外，现存石狮 15 个，形态各异。门墩、石基上有阴刻图案，图像清晰，线条流畅。

4. 牌匾

乔家大院各个门庭所悬的牌匾很多，其中四块最有价值，即李鸿章亲题的“仁周义溥”、山西巡抚丁宝铨的“福种琅环”及三十六村送给乔映奎的“身备六行”。前两块表明乔家对官府的捐助，后一块反映了乔家的善举和对人处事的方法。

戏 台

中国传统戏场的发展和传统戏剧的发展密切相关。中国传统戏剧成熟于元代，剧场建筑是农村的神庙戏台和城市的瓦舍勾栏，甚至皇宫戏楼，这形成了中国传统建筑中一个重要的建筑类型——戏场建筑。到 18 世纪，戏场建筑逐渐演变出四合院式的平面布局，舞台布置在建筑一端，其他三面为观看空间，这样就围合成一个相对封闭的观演空间，这也成为中国戏场建筑最主要的形式。（图 4－12 清代剧场图）

图 4－12　清代剧场图

中国戏台建筑很好地适应了戏剧演出的特点。不论乡村的简陋戏台，还是城镇的园林、皇宫奢华的戏台，都无一例外是室外开敞形式，或者是尽量模仿开敞的室外戏台。在戏台建筑的发展过程中，人们逐渐注意戏台对演出效果的影响，逐渐重视演出音质的效果。到明清时期，戏台建筑更加注意音质效果，采取了很多具体措施来进行实验：许多戏台设置八字影壁，使声音通过影壁喇叭形的作用，最大限度地反射到观众方向；在戏台顶部设置藻井，并日趋繁复精密，以达到拢音的效果等。

古戏台最突出的特征就是建筑形象华丽。除了硬山、悬山等屋顶形式外，重檐歇山顶、三重檐歇山顶等华丽的屋顶形式也应用于戏台。同时，前后台各自拥有独立构架的分离式戏台，以及与山门、殿堂等其他建筑合并在一起的依附式戏台，使戏台的建筑形象更显层次丰富。城市中修建的外乡人会馆戏台和宫廷大戏楼，其华丽程度都堪称当时最高建筑水平的代表。（图 4－13 山西乡村古戏台）

图 4－13　山西乡村古戏台

中国古代戏台基本为木结构建筑，从高度讲大致可分为单层、双层两种类型。单层指戏台建在一个台基上，台基一般高度为 1 米左右；双层指戏台建在通道之上，通道多为山门，高约 2 米左右。从开口角度讲，可分为一面观、三面观两种，亦有介于二者之间者。

戏台从其木结构看，多在四根角柱上设雀替大斗，大斗上施四根横陈的大额枋，以形成一个巨大的方框，方框下面是空间较大的表演区，上面则承受整个屋顶的重量，这种额坊的建筑形制，对需要开间较大的舞台是十分有利的。在元初的魏村、王曲戏台上，两侧后部三分之一处，设辅柱一根，柱后砌山墙与后墙相连，两辅柱间可设帐额，把舞台区分为前台和后台两部分，前台两边无山墙，可三面观看。这类戏台，山西稷山县马村金墓和侯马金墓中的戏台模型可为佐证。至于前后台分割的帐幕,在洪洞广胜寺水神庙明应王殿的元代壁画中可以看到。但这种建造方式,在元代中后期的东羊、曹公戏台上发生了变化,将两面山墙全部砌起,而观众也就从三面观看变成一面观看了。这种构造方式在明清以后的戏台上基本上得到了沿袭,只是把前台台面加宽,台口分为三开间。

古戏台建筑另一个特征是依附于祠庙等宗教或礼制建筑。有的古戏台本身就是寺庙建筑的一部分,所以又称“庙台”。城隍庙内基本都建有戏台,多数戏台位于大门内的庭院中。城隍庙早期演戏主要是为娱神,在城隍诞日、“三巡会”期间演戏给神看,后来,娱神的功能逐渐萎缩,庙内戏台演戏成为娱人的主要活动。如四川都江堰二王庙有一座依山建造并与山门合二为一、驰名中外的古戏台,造型优美,结构独特,此戏台与二王庙建筑群及都江堰一起已被列为世界文化遗产。

中篇　市井人家

第五章　胡同宅门

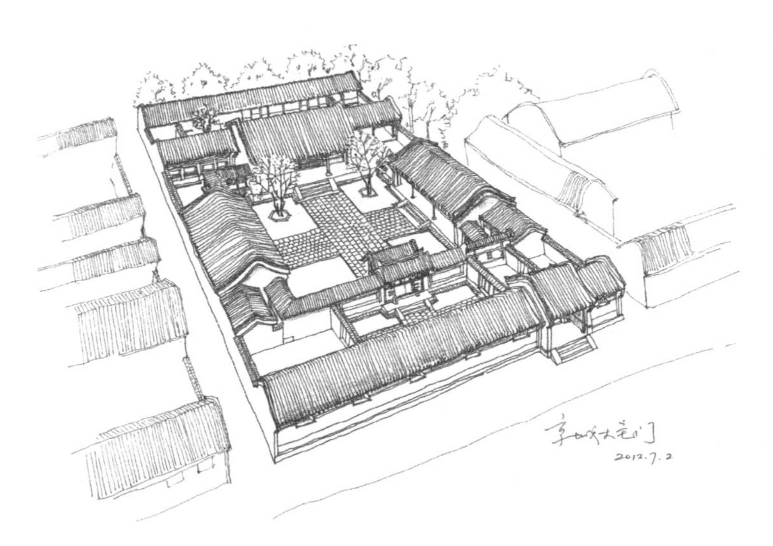

北京

北京有着3000余年的建城史和860余年的建都史，最早见于文献的名称为“蓟”，西周时是周朝诸侯国燕国的都城。自秦汉以来北京地区一直是中国北方的军事和商业重镇。金朝正式建都北京，称中都。自元时为全中国的首都，称大都。

元大都城址位于今北京市市区，北至元大都城遗址，南至长安街，东西至二环路。明朝自成祖后开始对北京进行大规模扩建，清朝在明北京城的基础上又进行了一些修缮和扩建。至清末北京成为当时世界上最大的城市。

北京是中国拥有帝王宫殿、园林、庙坛和陵墓数量最多，形制最丰富的城市。其中北京故宫原为明、清两代的皇宫，建筑宏伟壮观，完美地体现了中国传统建筑的古典风格和东方格调，是中国乃至全世界现存最大的宫殿。北京的城市规划具有以宫城为中心左右对称的特点。城市的中轴线南起永定门，北至钟鼓楼，长约

7.8千米。从南往北依次为永定门，前门箭楼，正阳门，中华门，天安门，端门，午门，紫禁城，神武门，景山，地安门，后门桥，鼓楼和钟楼。从这条中轴线的南端永定门起，就有天坛、先农坛；太庙、社稷坛；东华门、西华门；安定门，德胜门以中轴线为轴对称分布。著名建筑大师梁思成先生曾经说："北京的独有的壮美秩序就由这条中轴线的建立而产生。"

北京四合院

北京四合院，是合院建筑之一种。所谓合院，即是一个院子四面都建有房屋，四合房屋，中心为院。自元代正式建都北京，大规模规划建设都城时起，四合院就与北京的宫殿、衙署、街区、坊巷和胡同同时出现了。据元末熊梦祥所著《析津志》载："大街制，自南以至于北谓之经，自东至西谓之纬。大街二十四步阔，三百八十四火巷，二十九街通。"这里所谓"街通"，即我们今日所称胡同，胡同与胡同之间是供臣民建造住宅的地皮。当时，元世祖忽必烈"诏旧城居民之过京城者，以赀高（有钱人）及居职（在朝廷供职）者为先，乃定制以地八亩为一分"，分给迁京之官贾营建住宅，北京传统四合院住宅大规模形成即由此开始。

一、四合院历史流变

四合院式的居住方式，是中国自古以来的传统，早在3000多年前的西周时期，已经有了完整的四合院建筑形式。王国维在《明堂庙寝通考》中说："我国家族之制古矣，一家之中有父子，有兄弟，而父子兄弟又各有匹偶焉。即就一男子而言，其贵者有一妻焉，有若干妾焉。一家之人断非一室所能容，……，其既为宫室也，必使一家之人，所居之室相距较近，而后情足以相亲焉，功足以相助焉。然欲诸室相接，非四阿之屋不可。四阿者，四栋也，为四栋之屋，使其堂各向东西南北，于外则四堂，后之四室亦自向东西南北而凑于中庭矣。此置室最近之法，最利于用，而亦足以为观美。"

元大都的建设是经过周密规划的，街巷的排列、胡同的间距、走向直接影响了住宅基地的进深、面积和朝向。但是，元代四合院目前在北京已无实物，唯一能供参考的是在元大都旧址上发掘出来的后英房元代住宅遗址。这座遗址所反映的院落布局、开间尺寸、工字厅、旁门等内容，与历代的四合院十分近似。

明清两代统治者对于都城的风貌十分重视。《大清会典·第宅》规定："雍正十二年议准，京师重地，房舍屋庐，自应联络整齐，方足观瞻而资防范。嗣后，旗民等房屋完整坚固，不得无端拆卖，倘有势在所需，万不得已，只准拆卖院内奇零之房。其临街屋，一律不许拆卖。"

辛亥革命之后，满族人失去了钱粮的供给，为解决生计问题，大量出售住宅，汉族人住在城内的人增多。这个时期新建和修葺的四合院已经不受封建等级制度的限制，设备也比较完善，今天所见的四合院，多是这个时期修建的。

二、四合院布局

北京正规四合院因胡同多为东西方向而坐北朝南，基本形制是由分居四面的北房（正房）、南房（倒座房）和东、西厢房，四周再围以高墙形成四合，开一个门。一般四合院房间总数是北房 3 正 2 耳 5 间，东、西厢房各 3 间，南屋不算大门 4 间，连大门洞、垂花门共 17 间。如以每间 11～12 平方米计算，全部面积约 200 平方米。（图 5-1 典型的三进四合院）

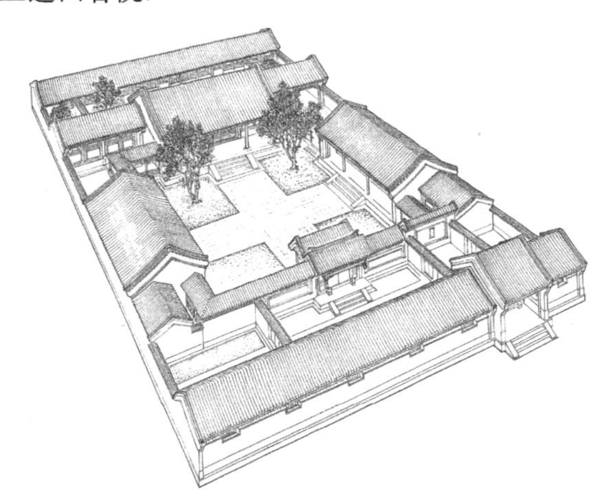

图 5-1　典型的三进四合院

四合院是封闭式住宅，对外只有一个街门，具有很强的私密性，非常适合独家居住。院内四面房子都向院落方向开门。老人住北房（上房），中间为大客厅（中堂间），长子住东厢，次子住西厢，佣人住倒座房，女儿住后院，各不影响。

北京四合院以中轴为对称，大门开在正南偏东方向，不与正房相对，这是根据八卦的方位，正房坐北为坎宅，如做坎宅，必须开巽门，“巽”者是东南方向，在东南方向开门财源不竭，金钱流畅，所以“坎宅巽门”为好。

北京四合院中间院落宽敞，庭院中一般种植海棠树，列石榴盆景，以大缸养金鱼，寓意吉利，是十分理想的室外生活空间。晚上关闭大门，非常安静，适合于以家族为中心的团聚生活。白天在院中观花草树木，空气清新，晚间家人坐在院中乘凉、休息、聊天、饮茶，气氛合乐。

清代有句俗语形容四合院内的生活：“天棚、鱼缸、石榴树，老爷、肥狗、胖丫头”，可以说是四合院生活比较典型的写照。

三、四合院类型与规模

四合院，小者房屋13间，大者一院或二院，25间到40间，房屋都是单层。厢房的后墙为院墙，拐角处再砌砖墙，大四合院从外边用墙包围，都做高大的墙壁，不开窗子，体现出一种防御性。四合院大致可分为大四合、中四合、小四合三种。中型和小型四合院一般是普通居民的住所，大四合院则是府邸、官衙用房。

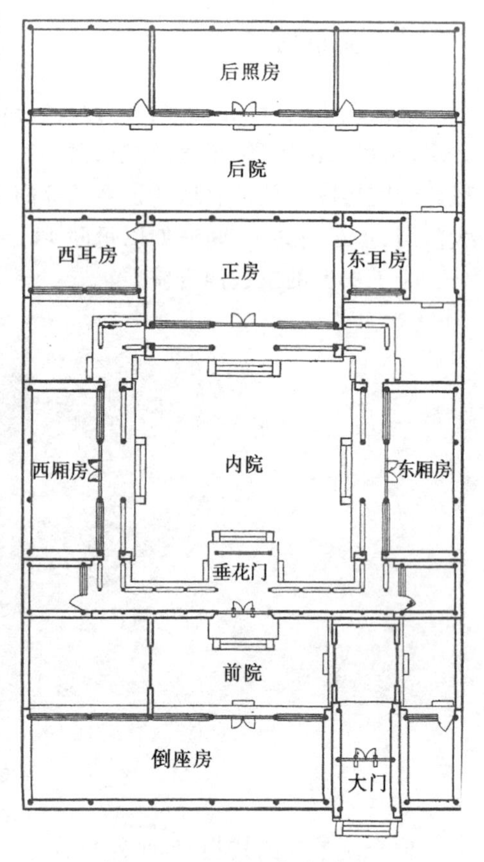

图5－2　三进四合院平面

小四合院一般是北房三间，一明两暗或者两明一暗。东西厢房各两间，南房(倒座房)三间。卧砖到顶，起脊瓦房。可居一家三辈，祖辈居正房，晚辈居厢房，南房用作书房或客厅。院内铺砖墁甬道，连接各处房门，各屋前均有台阶。大门两扇，黑漆油饰，门上有黄铜门钹一对。(图5－2三进四合院平面)

中四合院一般是北房5间(3正2耳)，东、西厢房各3间，房前有走廊以避风雨。另以院墙隔为前院(外院)、后院(内院)，院墙以月亮门相通。前院进深浅显，以一二间房屋作门房，后院为居住房，建筑讲究，屋内方砖墁地，青石作阶。

大四合院称作“大宅门”，房屋可设置为5南5北、7南7北，甚至还有9间或者11间大正房的情况，一般是复式四合院，即由多个四合院纵深相连而成，院落极多，有前院、后院、东院、西院、正院、偏院、跨院、书房院、围房院、马号、一进、二进、三进……等等。院内均有抄手游廊连接各处，占地面积极大。

四、四合院特征要素

北京四合院属砖木结构建筑，房架子檩、柱、梁(柁)、槛、椽以及门窗、隔扇等均为木制。四合院的墙习惯用磨砖、碎砖垒砌，所谓“北京城有三宝，景泰蓝、象牙雕、烂砖头垒墙墙不倒”。屋瓦大多用青板瓦，正反互扣；檐前装滴水，或者不铺瓦，全用青灰抹顶，称“灰棚”。

四合院的梁柱、门窗及檐口、椽头都要油漆彩画，色彩缤纷。雕饰图案以各种吉祥图案为主，如以蝙蝠、寿字组成的“福寿双全”，以插月季的花瓶寓意“四季平安”，还有“子孙万代”、“岁寒三友”、“玉棠富贵”、“福禄寿喜”等。

1. 大门

在北京四合院中，住宅的大门不仅是住宅内外空间的过渡，更是户主社会地位的象征。门的大小、间数有严格规定：亲王府正门广五间、启门三间；公侯一级的宅第大门三间，前厅、中堂、后堂各七间；一品、二品官厅堂为五间九架；三品至五品厅堂为五间七架；六品至七品、公侯以下屋顶不准建“歇山式”。

四合院的大门按构造方式的不同，可分为两大类，即屋宇大门和墙垣式大门。屋宇大门的特点是常用倒座的一个或数个开间做门，其构造上与房屋大体相同。墙垣式大门是一种在院墙上开门的大门的形式，在较小的宅院中经常使用，也有作旁门的。（图 5 - 3 四合院大门类型 马炳坚）

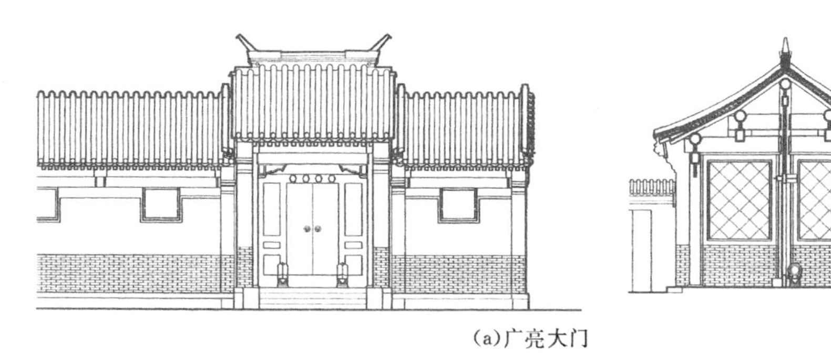

(a)广亮大门

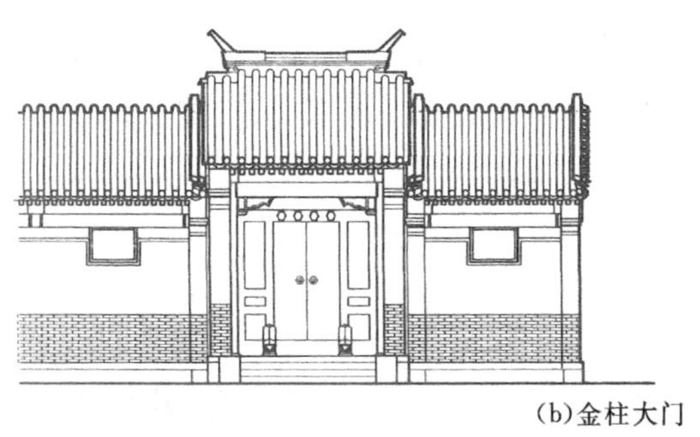

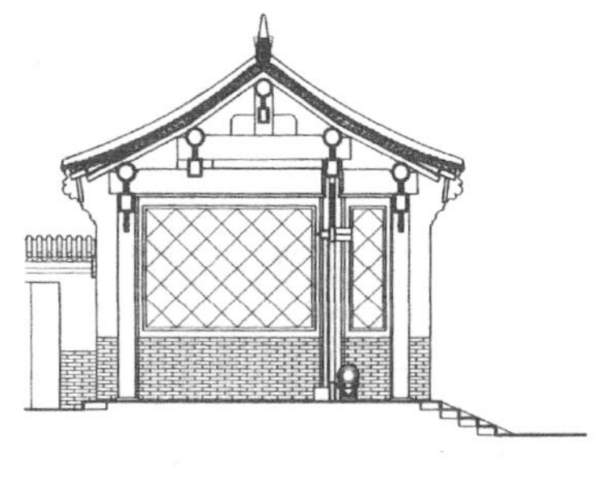

(b)金柱大门

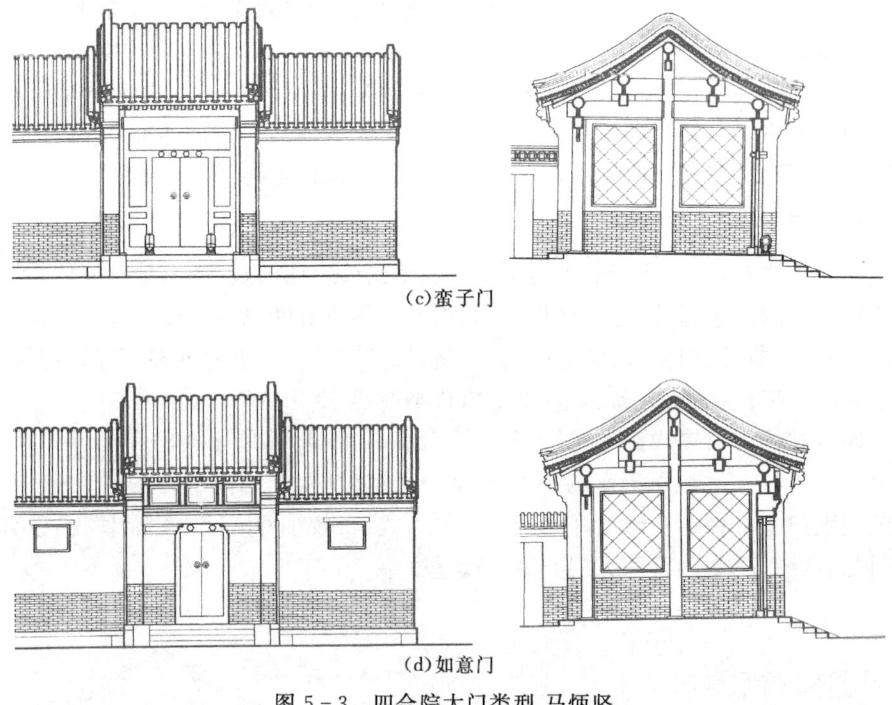

(c)蛮子门

(d)如意门

图 5-3 四合院大门类型 马炳坚

(1)王府大门

王府大门是北京四合院中等级最高的大门。《大清会典事例》中规定,亲王府:“正门广五间,启门三间”,“均红青油饰,每门金钉六十有三”;郡王府、世子府:“正门金钉减亲王之二”;贝勒府:“正门三间,启门一”,“门柱青红油饰”;贝子府:“启门一”。规定得既严格又细致,逾制则要处罚。

一般府门东西各有角门一间,俗称“阿司门”,供普通人出入;府门外除有石狮、灯柱、拴马桩等,还常设有上马石,以供王府要人上下马使用;王府大门多采用三间五檩、五间七檩,做硬山或歇山式屋顶;顶上置正脊、正吻,垂脊上有仙人走兽,覆绿琉璃瓦;大门梁枋均施油漆彩画。

(2)广亮大门

广亮大门档次仅次于王府大门,具有一定官衔、品位的官员宅第才可以使用。大门檐柱上端的雀替、三幅云都是官品的标志。这种门相当于一开间的屋宇,进深略大于与它相毗邻的房屋。大门的地面要高出胡同的地面几步台阶,且台阶做垂带踏垛。它有自己的山墙,墀头墙略突出于左右,戗檐上施以砖雕花饰;屋顶加高,墀头突出;门扇位于垂脊之下,门板两扇,门轴下端装在门枕石的槽子里,上端用联楹门簪固定到大门板上，起旋转作用；门槛插入门枕石侧面槽内，走车时可以拔下；门簪用四颗，正面加纹饰，有四季花、吉祥纹、汉瓦当等，其上部装走马板，供悬挂牌匾或施以彩画；门簪和门枕石外的抱鼓石等是大门装饰的重点。

广亮大门的屋顶形式多以硬山式为主，屋面用筒瓦或阴阳瓦，屋脊常见的有元宝脊、清水脊、鞍子脊等。

(3)金柱大门

金柱大门也是具有一定品级的官宦人家采用的宅门形式，它与广亮大门的区别就在于它不设山柱，门肩立于金柱的位置上。这个位置比广亮大门的门扉向外推出了一步架(1.2～1.3 米)，因而门前空间不似广亮大门那样宽绰。大门的木构架一般采取五檩前出廊式。这种大门上部多设吊顶，门外侧的顶棚施油漆彩画，檐檩、垫板、枋子上亦绘有苏式彩画。

(4)蛮子门

蛮子门是一种门扇立于外檐柱外的屋宇式大门，与上述两种门的不同之处就在于它将门框、门肩外移至外檐柱外。有些蛮子门前用马尾礓礤代替垂带踏垛。至于它名称的由来，有说法是到北京经商的南方人为了安全起见，特意将门扉安装在最外檐，以避免给贼人提供隐身作案的条件。

(5)如意门

如意门是北京四合院采用最为普遍的宅门形式。这种门原来是广亮大门，后卖给一般平民，住户不敢僭越清代门制，只得将门改小。其特征是门口两侧用砖砌墙，洞口本身较为窄小，门楣上多施以各种砖雕，并以此显示其地位，如富有人家的砖雕往往用“九世同居”、“狮子滚绣球”、“荣华富贵”等纹样；次之用“凤凰牡丹”、“香草人物”等雕花做在望柱和栏板上。

(6)小门楼

小门楼是墙垣式门的一种，是小型住宅所采用的宅门形式。小门楼是纯砖结构，构造比较简单，主要由腿子、门楣、屋顶、脊饰以及门框、门扉等构成，装饰一般比较朴素。

2. 垂花门

垂花门是中国古代建筑的内宅门，人称“二门”，适用于二进以上的院落，其作用是分隔里外院，门外是客厅、门房、车房马号等“外宅”，门内主要是起居的卧室“内宅”。垂花门坐落在院落的中轴线上，是主人社会地位的标志，同时也是吉祥的表征。

垂花门是四合院内最华丽的装饰门，为单开间悬山建筑，体量不大，开间尺寸八尺至一丈(2.5～3.3 米)，进深略大于面宽。其主梁前端穿过前檐柱并向外推出，形成悬臂梁的形式，在挑出的梁头之下，各吊一根悬空的短柱，柱头有雕刻精美

的花饰，称“垂花”。（图 5－4 垂花门 马炳坚）

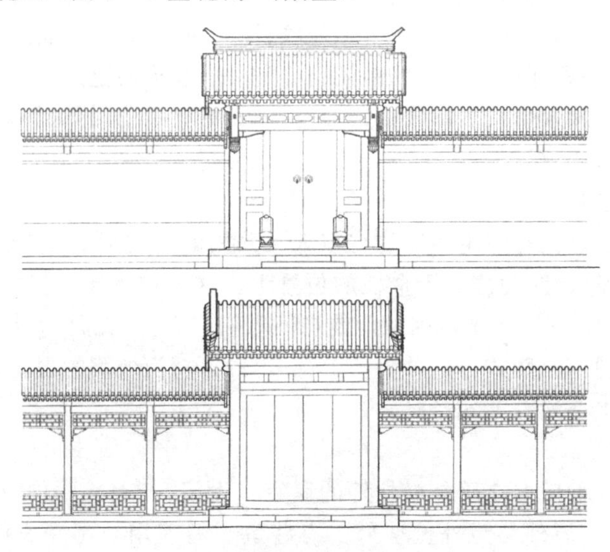

图 5－4　垂花门 马炳坚

垂花门一般有前后两排柱子，分别安装槛框。外柱之间的攒边门通常是白天开启，夜间关闭，有防卫功能；内柱之间的四扇屏门，除有重大礼仪外，平时不开启，起着遮挡视线的作用，以免外院的客人或者男仆窥见内眷的活动。

垂花门的种类多样，从三檩到七檩的都有。屋顶最典型的式样是前面做清水脊，后面做元宝脊的勾连搭悬山顶，即所谓的一殿一卷式。也有用两个卷棚歇山的，或单卷棚和单清水脊的。门的上部采用“彻上明造”，即不做吊顶。所有主要构件如梁、枋、檩、荷叶、驼峰等都施以油漆彩画，色彩以绿色为主。屏门也用绿色，其上常书“福禄寿喜”等字样。

垂花门多半将檐口、椽头、椽子漆成蓝绿色，望柱漆成红色，圆椽头漆成蓝白黑相套如晕圈之宝珠图案，方椽头则是蓝底金万字纹或菱花图案。前檐正面中心锦纹、花卉、博古纹等等，两边倒垂的垂莲柱头根据所雕花纹更是油漆得五彩缤纷。

3. 抄手游廊

抄手游廊是四合院的附属建筑，指左右环抱的走廊，是回廊的一种，因其如两手作抄手状，故名抄手游廊。四合院的内宅常在垂花门两侧用抄手游廊连通厢房、正房，多为卷棚顶，柱间有坐凳栏杆，可供人休息。抄手游廊体量较小，构造也比较简单，一般的构成形式是四檩卷棚，柱高 7～8 尺(2.2～2.4 米)，进深 4～5 尺(1.4～1.6 米)。抄手游廊的檐枋下面安装倒挂楣子，倒挂楣子上悬挂鸟笼供人观赏，柱根之间安装坐凳楣子，供人休憩。

五、四合院装修

中国传统建筑将木质的门、窗、户、牖、帘架、隔断、楣子、花罩、天花、吊顶等，统称为装修。装修又分为内檐装修和外檐装修。北京四合院的外檐装修主要有街门、屏门、隔扇、帘架、支摘窗、倒挂楣子、坐凳楣子、牖窗、什锦窗等。

1. 街门

街门的构造大同小异，门扇为对开的棋盘门。街门外面安装有铙钹形状的铜制饰件，是叩门用的。门扇下角附有保护门板的铁皮包叶，剪成如意云状，称壶瓶叶子。

抱鼓石、门枕石、门簪是中式大门的功能构造。抱鼓石在门外侧，起到力的平衡作用。抱鼓石的式样很多，普通的是以鼓形为主，上面盖包袱，再刻上一个小狮子，下面是须弥座；小型抱鼓石一般是长方形。门簪外侧做成多边或者圆形的短柱体，外部正面用木雕装饰，花纹有花卉与吉祥文字。

2. 隔扇门与支摘窗

隔扇门是安装在建筑物金柱或者檐柱间，用以分隔室内外空间的木装饰门。四合院的隔扇门安装在正房或者厢房的明间，为一樘四扇。（图 5－5 四合院门窗）

建筑的明间通常安装隔扇，次间安支摘窗。支摘窗是北京传统民居用得最多的一种窗式，窗扇设内外两层，上面的窗能支起，下面外侧的护窗能摘下。

图 5－5　四合院门窗

3. 什锦窗

中国古代将开在墙面上的窗户称为牖窗，什锦窗就是典型的牖窗。在北京四合院中，什锦窗多设置在看墙的位置以及园林建筑中，起到美化墙面、沟通空间、借景、框景的作用。什锦窗的形状多采用各种造型优美的器皿、花卉、蔬果和几何图形。

4. 彩画

彩画是四合院建筑重要的装饰手段，四合院的彩画，一类是旋子彩画，一类是苏式彩画。旋子彩画庄严肃穆，一般用来装饰王府建筑，苏式彩画内容丰富，形式活泼，一般民居也普遍采用。

苏式彩画分三种形式，即包袱式、枋心式和海墁式。苏式彩画的设色以青绿两色为主，表现题材为各种历史人物、花鸟、山水等。（图 5－6 四合院堂屋布置）

图 5－6　四合院堂屋布置

5. 砖雕

砖雕主要用在影壁和山墙墀头上。影壁中心的雕饰题材有莲花牡丹、松竹兰梅、福寿三多、鹤鹿同春等。影壁山面的封檐板上雕柿形、万字形和如意图案。廊心子的砖雕纹样有万字锦、灯笼锦、索子锦等。如意门门楣上的砖雕有喜鹊登梅、渔樵耕读等。

菊儿胡同改造

菊儿胡同，位于北京市东城区西北部，东起交道口南大街，西至南锣鼓巷。明称局儿胡同,清乾隆时称桔儿胡同,清末作菊儿胡同。菊儿胡同整个街坊面积 8.2 公顷,分属菊儿胡同、南锣鼓巷、寿比胡同三个居委会管理。这一地带是北京旧城内比较典型的四合院住宅区,属于元大都建设中最早建设的街坊——昭回靖恭坊的一部分,历史上这里曾是达官贵族府邸如肃王府的所在地,至今周围还有一些人文古迹。如菊儿胡同三号,五号,七号是清光绪大臣荣禄的宅邸,三号是祠堂,五号是住宅,七号是花园。荣禄后迁至东厂胡同,七号还做过阿富汗大使馆。(图 5-7 菊儿胡同鸟瞰)

图 5-7　菊儿胡同鸟瞰

1978 年,由吴良镛院士领导的清华大学城市规划教研组对北京市旧城整治开展了一系列的研究,选定了菊儿胡同 41 号院作为试点。1990 年,菊儿胡同住宅改造工程一期完工,受到专家学者、政府官员和居民的普遍好评。此后,随着二期工程的顺利进行,各种荣誉和奖项也接踵而来。该工程迄今已荣获国内建筑界的六项大奖,还获得了亚洲建协的优秀建筑金奖和联合国的世界人居奖,并被著名的《弗莱彻建筑史》第 20 版收录。该工程还被北京市市民评为群众喜爱的具有民族风格的新建筑之一。

一、吴良镛的有机更新理念

有机更新理论是在 1979—1980 年由吴良镛在领导什刹海规划研究中形成的。

这项规划明确提出了“有机更新”的思路，主张对原有居住建筑的处理根据房屋现状区别对待，即：①质量较好、具有文物价值的予以保留，房屋部分完好者加以修缮，已破败者拆除更新，上述各类比例根据对街坊进行调查的实际结果确定，不做“一刀切”；②居住区内的道路保留胡同式街坊体系；③新建住宅将单元式住宅和四合院住宅形式相结合，探索“类四合院体系”，后来统一称其为“新四合院”体系。

吴良镛在其《北京旧城与菊儿胡同》一书中说：“有机更新即采用适当规模、合适尺度，依据改造的内容与要求，妥善处理目前与将来的关系——不断提高规划设计质量，使每一片的发展达到相对的完整性，这样集无数相对完整性之和，即能促进北京旧城的整体环境得到改善，达到有机更新的目的”。

二、菊儿胡同的改造

菊儿胡同的住宅改造方案，就是“有机更新”理论在北京历史文化地段的第一次有益也是成功的尝试。它在顺应城市肌理、寻找新的合院体系方面取得了很多重要的成果。

1. 菊儿胡同概况

菊儿胡同地理位置十分优越，北临鼓楼东大街，东临交道口南大街，在其边界范围内共有 5 个公共汽车及电车站，另外还有两路夜班车。从街坊到达最近的环城地铁鼓楼大街站仅 1000 米，临近地区的各项设施如中学、小学、医院、商业中心等都齐全，且方便到达。街坊距交道口地区级商业中心 200 米，距鼓楼大街市级商业中心 1000 米；街坊以南 400 米有少年宫，街坊周围 1000 米内有三个影院。但是，原来街坊内的居住质量很差，原有的四合院已经面目全非，各院内临时搭建的现象严重，属于较为典型的“危、积、漏”地区。

在改造规划中，首先按照房屋质量，将原有建筑分为三类：一类是 20 世纪 70 年代以后建成的房屋，质量较好，予以保留；二类是现存较好的四合院，经修缮可加以利用；三类是破旧危房，需拆除重建。

在可以拆除的房屋中，按照院落边界确定“开发单元”，从最破败的 41 号院开始，按照经济上的可行性，分期实施“开发单元”；新住宅（包括公建）均按照“类四合院”模式进行设计，维持了原有的胡同-院落体系，同时兼具单元楼和四合院的优点，既合理安排了每一户的室内空间，保障居民对现代生活品质的要求，如采光、日照、舒适性、私密性、卫生等，又通过院落形成相对独立的邻里结构，提供居民交往的公共空间，强调居住的安全感，创造和睦相处的居住气氛。

2. 新式四合院建筑特点

改造后的菊儿胡同基本院落占地约 30 m × 30 m，多数为 2～3 层的住宅单元，住宅中保留了 100 m^2 左右的院落作为“户外客厅”，并根据地形做纵向的扩展。它的最大特点是将传统的四合院与集合住宅结合在一起，将二维空间变成了三维空间，形成了立体的空间院落。立体空间院落并不是简单地将四合院或三合院在纵向上进行叠加。（图 5－8　菊儿胡同庭院）

图 5－8　菊儿胡同庭院

在立面处理上，四合院大多采用 2～3 层的设计，提高了原有四合院的容积率。在保证日照的前提下，将屋顶做成坡型，一方面保留了原有四合院坡屋顶的形制，另一方面又提高了容积率。

在色彩及材质上，菊儿胡同的第一层采用了灰色的砖墙，是传统四合院的延续，二三层则采用白墙灰瓦，用来烘托蓝天和绿树，使得光影的变化更为明显。

为了使天井更为明亮，内立面的处理十分简洁明快，错落有致的布局显示出良好的比例与尺度，通透的楼梯间和连廊的结合恰到好处。为了避免中庭有井的感觉，在院子的四周还打开了一到两个豁口，作为出入口，增加了通透性。庭院中还增加了许多公共设施，如石凳、花架、平台等。院内的铺地也颇具特色，令人耳目一新。（图 5－9 菊儿胡同单元入口）

在室内空间设计上，新式四合院在室内空间功能布局过程当中考虑小型四合院只有一重院落，在三面或四面建房，结构简单、小巧。院内北房（正房）三间，为一明两暗式，长辈居住。东西厢房各两间或三间，供子女居住，南房又叫“倒座房”，一般作为会客室。这种空间安排模式一方面遵从了传统伦理功能，同时也满足了现代人的使用和审美需求。

图 5-9 菊儿胡同单元入口

三、菊儿胡同的居住满意度

菊儿胡同改造 20 年后，这里的原住民只剩下了三分之一，多数居民将其作为二手房出租或转让，现在在此居住的大多是“有钱人”，外国人也不在少数。清华大学博士研究生组成的课题组，先后对菊儿胡同进行了 3 次调研，从居住者的立场出发，就新式四合院的居住满意度进行了调研。

1. 平面的合理性

大部分家庭对住宅的面积感到不满意，甚至两口之家都认为房屋面积过小(一室一厅，面积约 30 平方米)，很难满足现代人生活的需要。客厅的面积不大，大部分都只是一条狭长的过道。

被调查的住户对房屋的流线设计也是褒贬不一，有少部分居民觉得“门开得过多”。居民普遍对厨厕的面积不满意，觉得厨房过小，使用不便，采光不好。厕所虽然比公共厕所条件要好得多，但使用面积还是太小，只能容纳一个蹲位，不适应现代人在家中洗浴的要求。

2. 居住舒适性

住户对采光和日照均有不同程度的不满，有的房屋“只有一间有半天的阳光”，住在一层的住户反映室外的“遮挡比较多，自然光很少”。一些户型比较好的家庭在夏天能享受到“穿堂风”，平屋顶的住户则感觉“比较热，需要装空调”。

对于噪音的干扰，大部分用户持满意态度，100%的被调查户认为院子比较安静，几乎听不到噪音。

3. 环境质量

对于小区的环境，多数人表示满意。有的住户居民把开放式阳台封死，安上铝合金门窗，并从安全角度考虑加了防盗门和防盗窗，甚至有人在院内加盖房屋，破坏了与自然的和谐。

4. 中庭的使用

绝大多数人喜欢中间有庭院的布局形式，认为它“集中了平房和楼房的优点”、“与原来的四合院类似”。但有人认为中庭面积过大，占用了本可以属于自家的面积。还有一些居民认为院子使用率并不高。不过对于这种带有中庭的集合住宅，居民们普遍还是给与了很高的评价。

基本上所有人都满意邻里间的交流，“虽然不如老四合院，但比起一般的单元楼，碰面的机会比较多”。“现在居住在胡同里的外国人也非常多，虽然语言上有一些障碍，但还是能形成‘胡同里的联合国’，并与一些外国朋友交往甚密”。“虽然住在院内不觉寂寞，但少了以往四合院的领属感，觉得由‘私’到‘公’的领地还是不便”。

知识窗

牌　坊

牌坊，又称牌楼，是中国古建筑中一种由单排或者多排立柱和横向额枋等构件组成的标志性开敞式建筑。北方民间多称牌楼，南方称其为牌坊，是封建社会为表彰功勋、科第、德政以及忠孝节义所立的建筑物。也有一些宫观寺庙以牌坊作为山门的，还有的是用来标明地名的。牌坊也是祠堂的附属建筑物，昭示家族先人的高尚美德和丰功伟绩，兼有祭祖的功能。牌坊还设置于园林前和主要街道的起点、交叉口、桥梁等处，景观性也很强，具有点题、框景、借景等效果。

牌坊起源于门，不仅有门的功能，还因为其将雕刻、书法、文学等相结合，有很高的历史与考古价值，是名副其实的“石头的史书”。

牌坊的历史源远流长，在周朝的时候就已经存在了，牌坊的源流之一应该是衡门。《营造法式》中《诗义》说："横一木作门，而上无屋，谓之衡门"。牌坊的另一雏形为唐代的乌头门。所谓乌头门，是在大门立柱出头的顶端套上黑色陶罐，作为装饰和防水之用，因此得名"乌头"。《营造法式》中详细地记录了乌头门的做法，并说："乌头门其名有三：一曰乌头大门，二曰表揭，三曰阀阅，今呼为棂星门。"南宋时，棂星门开始用于孔庙之内，表示尊孔如尊天。也许是因为门的形状如同窗棂，"灵星"逐渐演化为"棂星"。（图 5－10 乌头门与牌坊）

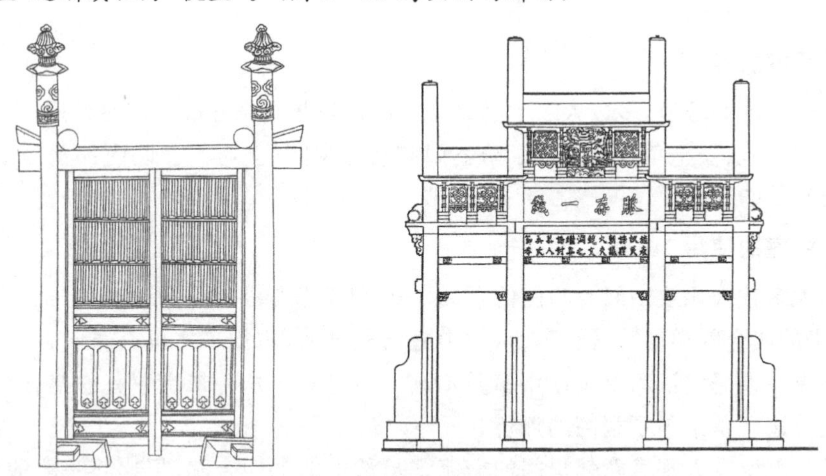

图 5－10　乌头门与牌坊

还有一种说法是牌坊起源于汉唐的里坊制度。坊的四面都建有临街坊墙，开坊门出入。坊门早启晚闭，全年中除了几个节日之外都实行宵禁，官府在坊门上标揭诏书旌表"嘉德懿行"，以加强封建统治。

独立的牌坊诞生之后，其类型、构造和造型都有很大发展，原来用木材建造的坊门、棂星门，到了元末明初便逐步向石材过渡，木房趋于稀少。

牌坊的平面多为"一"字形，也有貌似照壁的壁式，但是没有内部空间。后来有的牌坊平面演变为"口"字形，立体构架式，仿佛亭阁，有了开敞的内部空间，加上开间、进深、檐楼、柱数以及出头或者不出头的组合变化，牌坊的形体可谓丰富多彩。

早期牌坊的造型较为简洁，多为石料建造，线型平面、壁式造型，无檐楼牌坊，多见棂星门。主要造型为"冲天式"，也叫"柱出头"式。无论柱出头或不出头，均有"一间二柱"、"三间四柱"、"五间六柱"等形式。顶上的楼层数，则有一楼、三楼、五楼、七楼、九楼等形式。

牌坊按照功能可分为四类：一是功德牌坊，为某人记功记德；二是贞洁道德牌坊，多表彰节妇烈女；三类是标志科举成就的，多为家族牌坊，为光宗耀祖之用；四类为标志坊，多立于村镇入口与街上，作为空间段落的分隔之用。

第六章　在水一方

江　南

“江南好，风景旧曾谙。日出江花红胜火，春来江水绿如蓝。能不忆江南?”在历史上，江南是一个文教发达、美丽富庶的地区，这里河湖交错、水网纵横，小桥流水、古镇小城、田园村舍、如诗如画；古典园林、曲径回廊、魅力无穷；吴侬细语、江南丝竹、别有韵味，自古就享有人间天堂之美誉。

江南以宣城、芜湖、南京至苏州、杭州一带为核心，包括长江以南安徽省、江西省、浙江省的部分地区，江苏南部和浙北、赣东北、皖南地区。长江下游以北如扬州等，虽然地理位置在江北，但经济文化形同江南。

唐诗宋词所赋予江南的文化韵味，让江南从一个地理名词真正变为一个包含美丽、文气与富庶，被世人不断向往和憧憬的词。随着经济重心不断南移，江南地区逐渐取代中原地区，到了北宋中期，江南已经占居全国经济最重要的核心地位。

江南处于亚热带向暖温带过渡的地区，气候温暖湿润，四季分明，很适合各种作物的生长和人类生存。江南不仅以鱼米之乡、风景秀丽著称，重文也是江南的传统之一，江南文化是一种情义绵长的代表，被广为传颂的才子佳人佳话是对其文化底蕴的另一赞美。白墙青瓦小桥流水式的经典江南建筑风格别有一派恬静内秀的韵味，咸鲜润甜的精致菜肴也可以作为江南的一种代表。

江南园林是以开池筑山为主的自然式风景山水园林，兴盛于明清，以苏州、扬州最具有代表性，私家园林以苏州为最多。因此，江南的人文环境中，无论是文学、戏曲、音乐、建筑、绘画，都有相当高的成就。

江南水乡民居

江南水乡民居主要是指我国的江苏、浙江等江南临水民居，主要包括浙江的绍兴、乌镇、南浔和江苏的苏州等地的民居。这些临水民居都是傍水而建，并“贴水成街，就水成市”，来往交通以水路为主。水乡民居因水而风采灵动，因水而美态横生，因水而成为人们喜爱的审美对象。唐朝诗人杜荀鹤曾有诗赞水乡美景：“君到姑苏见，人家尽枕河。古宫闲地少，水巷小桥多。夜市卖菱藕，春船载绮罗。遥知未眠月，乡思在渔歌。”

一、江南水乡民居特征概述

1. 水乡民居规模

水乡民居作为我国传统民居中独具特色的一支，其特色不但表现在民居本身，更在于其颇具艺术魅力的水乡环境。水乡民居虽均临水，但因屋主的经济实力、社会地位等的差异，以及房屋建筑基地条件的差异，而有不同的规模，也产生了不同的水乡民居形态，有单座独立房屋的民居，也有多进院落的组合式民居。

单座独立房屋的民居是水乡民居中规模较小的一种，一般为一座平房或是一楼一底的楼房，其中一间的平房是规模最小的，大多数单座独立式房屋民居都是二三间的平房或是上下皆有二三间的楼房。这样的民居规模适合一般平民百姓居住，空间基本都被利用起来，作为起居室和卧室、厨房使用，所有房间都做到物尽其用。

院落式民居实际上大多也就是前后两进，三进、四进院落比较少见，因为水乡可建宅的地面很少，临水地面更少，所以民居的规模不可能过大。院落式民居虽然有屋与屋之间的庭院空间，因其庭院空间狭小而为天井形式。因此，天井是水乡民居纵向空间序列中不可缺少的元素。大户人家还有书房、画室、琴室等用来颐养性情的附属建筑。

2. 水乡民居环境构成

水是水乡民居大环境最重要的构成因素，桥历来与水之缘深厚，有水之地一般必有桥。江南水乡的桥数量众多，形态各异。或为平桥、或为拱桥，或为石桥、或为砖桥、或为木桥，桥的平面则有一字形、八字形、曲尺形、丫字形等多种形式。但不论是什么样的形式，或是什么样的材料，水乡的桥大多是单拱或单洞桥，没有桥墩或多余的拱洞。因而，即使是大可通船行舟者，远观依然玲珑小巧。

水乡的桥是水乡居民必需的交通设施，同时也是水乡重要而美妙的动人风景，有些更成为水乡民居的一个构成部分。江南水乡的某些民居，因为靠近小桥，便利用小桥的桥体作为自家房屋的一面侧墙，这样既省去了再建一面侧墙的部分材料，也方便了上下桥。桥既是侧墙的一部分，也是民居的一座上下楼梯，可谓是省时、省力又省心。这样的民居与桥的形式，称为“倚桥”，是水乡民居扩展空间与借取空间的一种方式，也是水乡民居独有的一个建筑特色。不过，实际上这样的建筑形式对于作为公共建筑的桥梁的使用来说，无疑具有一定的妨碍性。（图 6－1 水乡市镇景观）

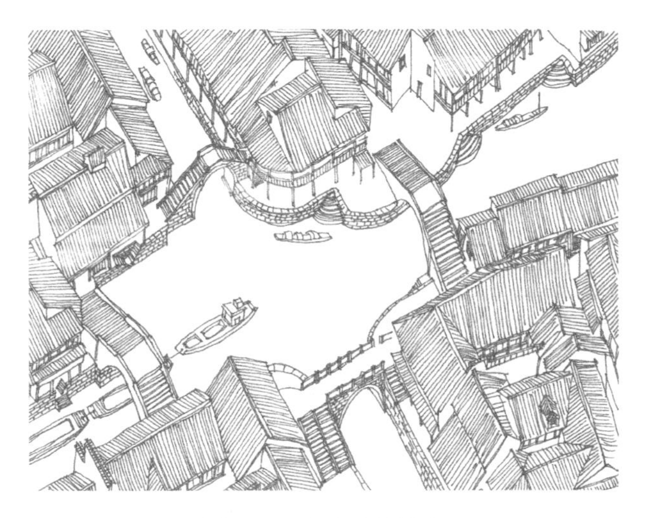

图 6－1　水乡市镇景观

江南水乡气候湿润多雨，为了保护民居外檐的木装修，人们常常在外檐加建檐廊，以遮挡风雨，保护木料不被雨水侵蚀。单层民居的檐廊自然只有一层，而两层的楼房则既可以设在底层屋檐处，也可以上下两层均设檐廊，各依需要而定。带有檐廊的民居增添了民居外观的层次感。

3. 水乡民居争取空间的方式

在人多地促的江南水乡，民居的建造有很多借取空间的方法，在尽量少占地面的基础上多一些于水面之上，下部悬空。延伸的主要形式有：出挑、枕流、吊脚。（图 6－2 水乡民居争取空间方式）

（1）出挑

出挑是利用大的悬臂挑出一部分空间，临水建筑物凌空伸出一部分结构，为了增加伸出部分的稳定性，多是依靠承重力强的石头悬臂固定。出挑较大者可以成为房屋空间的一部分，出挑小者则可以作为阳台或檐廊使用。

（2）吊脚

吊脚与出挑相仿，也是房屋的一小部分悬于水面之上。不过，悬伸而出的部

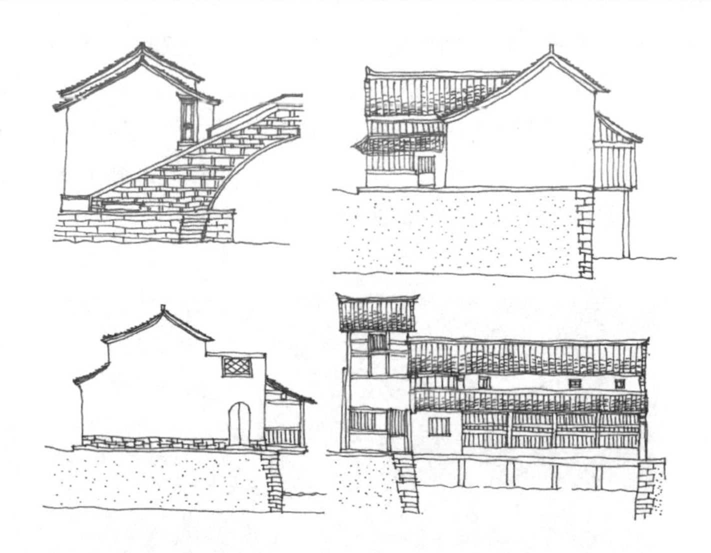

图 6-2 水乡民居争取空间方式

分,下面用木或石柱等附属物件支撑,以加强民居使用空间。

(3)枕流

枕流是横跨在水面上、两端都连接岸边的住宅形式。相较于出挑和吊脚,枕流跨越水面的空间相对较大。房屋的大小由枕流所利用的水面来决定,水面宽者则枕流建筑体量大,水面窄者则枕流建筑体量小。枕流建筑体量较大时,要在下面使用柱子支撑,以增加其负载力。要利用水面建造枕流房屋,水面必须是自家私产,因为枕流房屋建成之后,这段水面就不能再通行船只了,如果是公共水面自然不可以被私人独占。一般建枕流房屋的人家,都是因为这处水面两岸都是自家房屋,建成枕流房屋之后,可以将两岸自家的房屋连成一体,来往方便。

二、水乡民居建筑特征

1. 水乡民居平面

江南水乡的中小型住宅典型平面主要有"L"型、"H"型、"口"型等,根据经济条件的不同和地形、地势、用地环境的不同而分别采用不同的平面型式。(图 6-3 水乡民居平面类型 陆元鼎)

小户人家常采用"一"型,这种民居平面很小,只能满足基本生活活动的要求,表现为"暗房亮灶"。一日三餐是家中的主要活动,人们在灶房劳动的时间很长;居室昏暗,但私密性较好,有些内部有天井供采光,也有些由于用地紧张没有设置天井,平面紧凑但显得拘谨。

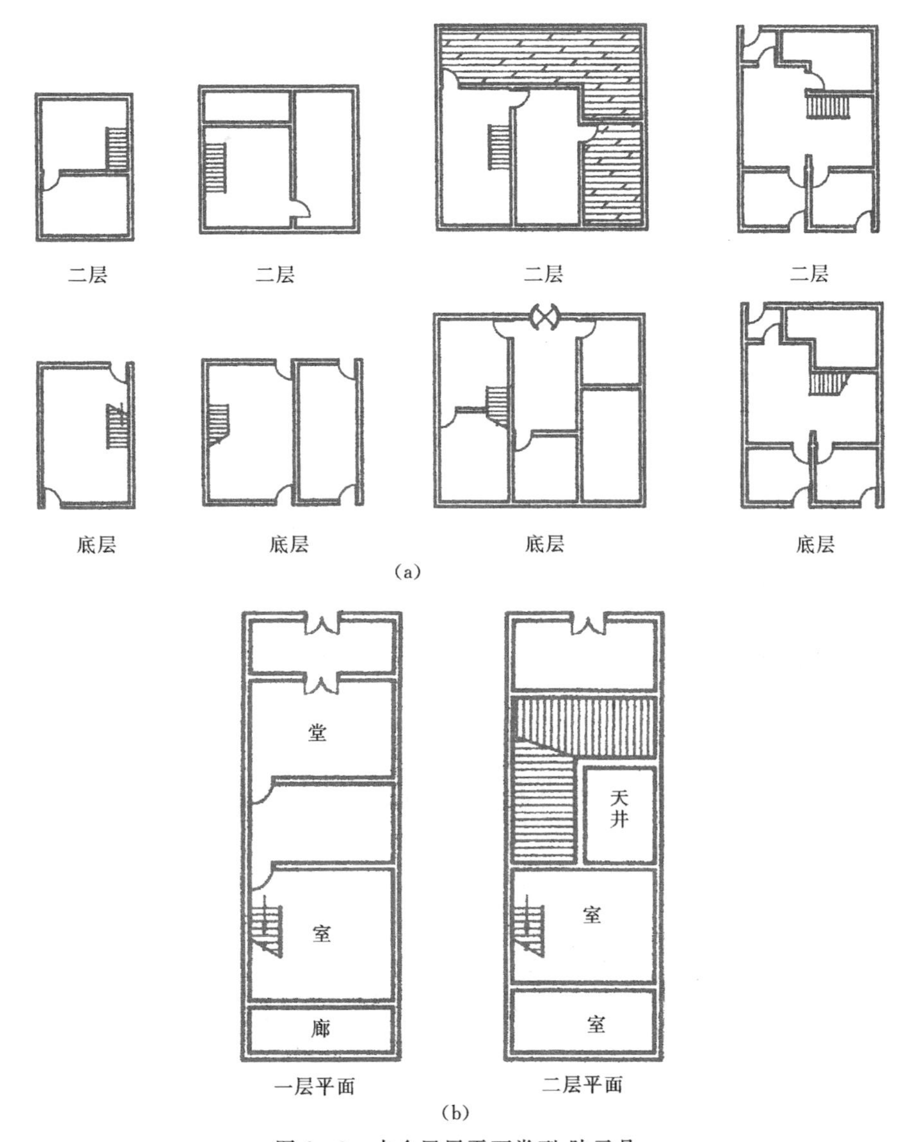

图 6-3　水乡民居平面类型 陆元鼎

中等人家采用"H"型、"口"型或"L"型平面，这类平面布局也较为简单，但中间多有一个院落或者天井，组织各功能用房并提供休憩生活场所，采光通风良好，围合性强，建筑多为三开间，尺度适宜，居住空间适中，较为实用。

大型住宅平面呈"口"型和"田"型，为多进院落形式，这类住宅用地大，可以满足几代人共同居住，适合休闲观赏。内部院落较多，一般遵循传统礼制所建；平面布局是"前堂后寝"，轴线严格对称，宅院规整方正，进落秩序分明；一个厅堂面对一个院落多进纵向布置，从内到外的空间序列多为大宅门、入口天井、第二道大门、会客厅堂、内院和堂楼，庭院深远，门户重叠。在横向上由于一户人家子孙成家立业，常在原宅边建造新居，便形成了大宅几院落的形式。几户间常公用大宅门，但每户都有自己的宅门和入口天井，为方便平时使用常设有长长的“背弄”供佣人及家人平时出入使用。

2. 水乡民居建筑立面

江南水乡传统建筑富有浓郁的地域特征，整体形态统一，单个不乏精细装饰。

(1) 体量适宜

水乡中建筑层数多以二层为主或者前面一层后面二层，少有三层的体量；每层的建筑高度多以2.8～3.2米不等，廊子部分多数矮小，尺度适宜，亲切宜人，整个界面高度基本上统一。屋顶两边以马头墙形式的山墙夹合坡屋顶，屋顶微微有曲线变化。建筑临街或者临水的部分多为一层的建筑或廊子，后面紧接着二层高的建筑，在尺度上有过渡和变化，空间富有变化和情趣。

水乡多为进深小的建筑，轻巧灵活地择地而建，少有雄伟的建筑出现，即使是富家大宅也是由几进院落的单座建筑群体组合而成，不以体量显示主人的财富，给人以大致均衡的视觉感受。(图6-4 水乡民居立面)

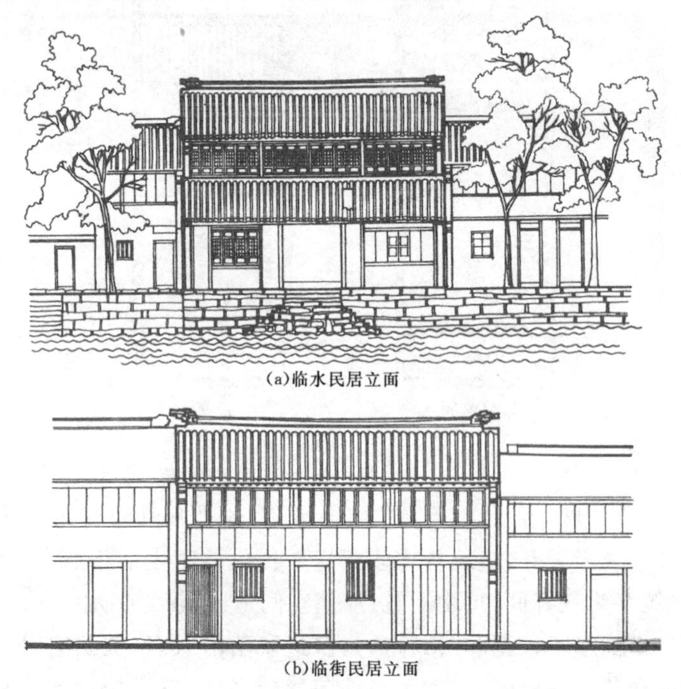

(a)临水民居立面

(b)临街民居立面

图6-4 水乡民居立面

（2）立面元素丰富

江南水乡建筑立面的主要元素有盖瓦坡屋顶、各式各样的马头墙、木制门窗、临水美人靠、扶手栏杆、风雨走廊、临水石凳等，还有依附于建筑主体而伸出的辅助用房，如厨房、灶间、储藏室等，多设在临水面，以单坡顶较多，降低了建筑高度，形成亲水效果。

（3）组合错落有致

水乡的建筑群体相邻的建筑并没有相同的体量，在高度上也有高低变化，同时在平面上即山墙屋顶的交接处也是前后错位的，而不是整齐划一的平整面，前后左右不同的立面及体量变化形成丰富而又统一的组合效果。在立面的虚实上，有些建筑采用整片的木制门窗，有些是凹进去的小庭院，有些是凸出来有美人靠或者栏杆的挑台，有凹有凸，有虚有实，互为对比，再结合河道的曲折变化，形成了丰富的形态。

（4）素雅的色彩

江南水乡民居以素色为主色调，白色的墙体、灰黑色的瓦屋顶。白色墙体一般随着岁月的变迁，多有局部灰色、黄色等色彩的变化，与灰黑色的屋顶形成强烈的对比，富有鲜明个性。

建筑的立面中间多为木头制成的门窗、栏杆和美人靠，呈暗黄色，与两边的山墙颜色对比较大。招牌、玻璃、灯笼、植物等点缀其间，统一中有变化，在河水的映衬下富有诗情和画意。

三、水乡聚落空间特征

1. 街巷

街巷是水乡空间的骨骼和脉络，承载其内部及其与外界的交通和交流。其中街市是水乡的主要交通干线，同时也是水乡商业活动的主要地带；巷道把各家各户联系起来并与街道相连接。

江南水乡聚落在建设中更多地带有自发性，不同于古代城市的规则布置，建筑布局上多表现为自由式发展，其特征表现为主街市顺应自然地理地势布置，巷道曲折多变，多为不规则形态。（图 6－5 水乡街巷类型）

街市主要由建筑物、街和河道构成，三者之间的关系主要表现为两种：面河式和背河式。面

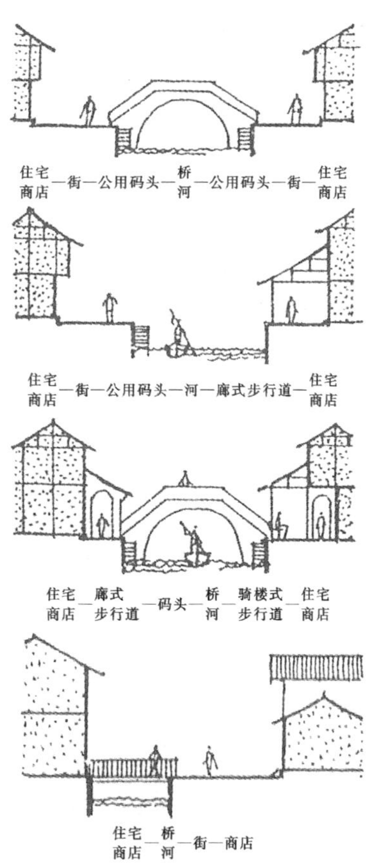

图 6－5　水乡街巷类型

河式的河道一般比较宽阔，水陆比较方便，将街市直接设置在河道的一边或者两边，可以在河与街之间方便快速进行商品货物的买卖贸易。同时为了方便水陆交通的转换，常在河道两岸边和离水桥较近的地方设公用水埠。河道商铺沿街平行展开，空间开阔，在纵深方向伸展的余地较多，店铺建筑可以是前宅后店或者上宅下店加手工作坊。

背河式是以夹持在两边建筑物中间的街道为中心，街市上没有河道，河道在建筑背后，起交通运输作用，河道上常有私用水埠供船只停靠装卸货物。为了方便不临河的街面店铺的货物装卸，常会隔一段距离空出一块小广场，在旁边设置公用水埠。

2. 古桥

江南水乡河网密布、各种桥梁数量之多不可胜计，形态变化万千，以梁式和拱券式为主。梁式即由几条石块搭接而成，为直板形。拱券式以许多小石条相互挤压成拱而成，为圆拱形，有半圆拱、马蹄拱、锅底拱、椭圆拱等，形态柔和，并且可通过比较高大的船只。

江南水乡的古桥中有一种独特造型的廊桥，它不但解决陆路的交通问题，同时附带有其他功能，廊桥上的屋顶一方面保护了结构材料少受腐蚀，同时也是游览、休憩、交谈的好地方。

3. 水埠

水乡的水埠是河道与岸边相互联系的节点，也是重要的交通驿站，人们通过它实现停泊、装卸、汲水、洗涤、登临、休息等日常生活行为。通过水埠的交换作用，河与街巷有了进一步的联系，形成了水陆转换的空间。（图 6－6 水埠形式）

图 6－6　水埠形式

周　庄

周庄镇位于江苏省昆山市西南部，西距苏州市40千米，东距上海60千米，古镇区面积0.47平方千米，古镇区人口1000人。古镇周庄，四面环水，咫尺往来，皆须舟楫。全镇依河成街，桥街相连，重脊高檐，河埠廊坊，过街骑楼，穿竹石栏，临河水阁，一派古朴幽静，是江南典型的小桥流水人家。周庄凭借得天独厚的水乡古镇旅游资源，大力发展旅游业，成功打造了“中国第一水乡”的旅游品牌。

一、周庄发展源流

据史书记载，周庄古称摇城，为春秋时吴国太子摇的封地。后来周庄名贞丰里，北宋元祐年间，周迪功郎奉佛教，将庄田200亩捐赠给全福寺作为庙产，百姓感其恩德，将这片地方命名为“周庄”。元朝中叶，颇有传奇色彩的江南富豪沈万三之父沈佑由南浔迁至周庄的东宅村，因经商逐步发迹，使贞丰里出现了繁荣景象，形成南北市河两岸以富安桥为中心的旧集市。到了明代，镇廓扩大，发展至后港街福洪桥和中市街普庆桥一带，并迁肆于后港街。清代，居民更加稠密，西栅一带渐成列肆，商业中心又从后港街迁至中市街。这时周庄已变为江南大镇，到康熙初年更名为周庄镇。

历经900多年沧桑的周庄依然完整地保存着原来水乡集镇的建筑风貌。全镇60%以上的民居仍为明清建筑，仅0.4平方千米的古镇保留着近百座古典宅院，60多个砖雕门楼，14座各具特色的古桥，共同构成了一幅“小桥、流水、人家”的水乡风景画。（图6-7 周庄水巷）

图6-7　周庄水巷

周庄位于五个湖泊的中心地带，镇北的急水港是联系苏、浙、皖、赣四省的要道，也是来往船只避风和补充给养的良港。周庄镇外湖荡环列，古镇内河港交叉，构成“井”字形骨架。临水成街，因水成路，依水筑屋，前街后河。风格各异的石桥将水、路、桥融为一体。镇内的房屋依河排列，鳞次栉比的传统民居有序地夹河形成水巷。毗连的过街楼、临河水阁、水墙门、水埠、石河沿、驳岸、石栏杆构成的水乡景观，在周庄都有留存。而周庄还拥有像张厅的“轿从门前进，船自家中过”和富安桥夹桥的桥楼等独特的水乡特色构件和水乡优美的景色，不愧为典型的水乡之镇。

二、周庄著名宅院

1. 张厅

张厅名为玉燕堂，历经五百多年沧桑，是周庄仅存的少量明代建筑之一，相传为中山王徐达之弟徐逵后裔于明正统年间所建。清初时卖给张姓人家，改名玉燕堂。

整个厅堂是典型的“前厅后堂”建筑格局。沿街的门厅前是一个天井，绿意盎然。两侧是低矮的厢房楼，上下都设蠡壳窗户。砖雕门楼，坚实的石柱，细腻精良的雕饰，大厅轩敞明亮，一抱粗的庭柱下是罕见的木鼓墩（柱础），这是明代建筑的明显标志。厅堂内布置明式红木家具。

大厅的东侧有一条幽暗深长的陪弄。后院小河贴着墙根流来，又穿越水阁而去。小河名为“箸泾”，与南湖相通，河水清冽。箸泾中段拓一丈见方水池，是船儿交会和调头的地方。四周由花岗石驳岸护卫。驳岸上是临河人家的后窗，设有一排敞窗，窗前有吴王靠（也称“美人靠”），窗下驳岸间如意形状的缆船石上拴有小船。（图 6－8 周庄张厅水阁）

图 6－8 周庄张厅水阁

张厅的后院是一个闲静素洁的小花园，四周围拥着粉墙黛瓦的民居，风火墙下，月季吐艳，书带草点缀着曲径。

2. 沈厅

沈厅原名敬业堂，清末改为松茂堂，由沈万三后裔沈本仁于清乾隆年间建成。沈厅位于富安桥东堍南侧的南市街上，坐北朝南，七进五门楼，大小房间有 100 多间，分布在 100 多米长的轴线两侧，占地 2000 多平方米。

沈厅由三部分组成。前部是水墙门和河埠，专门供家人停靠船只、洗涤衣物之用，为江南水乡的特有建筑形式。中部是墙门楼、茶厅、正厅，是接送宾客，办理婚丧大事和议事的地方；后部是大堂楼、小堂楼和后厅屋，为生活起居之处。

正厅“松茂堂”为两坡硬山顶，前后均有廊，并设花格长廊。正厅所对“积厚流光”砖雕门楼，雕镂精巧，为苏式砖雕之杰作。前后楼屋之间均由过街楼和过道阁连接，形成环通的走马楼，是同类建筑物中罕见的。（图 6－9 周庄沈厅临河立面）

图 6－9　周庄沈厅临河立面

松茂堂正厅面阔十一米，前有轩篷，进深七檩十一米，厅后也有廊。厅两边是次间屋，有楼与前后厢房相接。厅内梁柱粗大，镌刻有蟒龙、麒麟、飞鹤、舞凤等图案。厅堂中央悬匾“松茂堂”泥金大字，为清末状元张謇所书。

朝向正厅的砖雕门楼是五个门楼中最宏伟的一个，高六米，三间五楼，上覆砖飞檐，刁角高翘，下承砖斗拱，两侧有垂花莲，下面是五层砖雕，正中匾额刻“积厚流光”四字，四周额框刻有精细的红梅迎春浮雕。门楼上还镌刻人物、走兽及亭台楼阁等图案，线条精细流畅，人物神态各异，栩栩如生。

大堂楼木梁架造型浑厚，一律为明式圆形图案。地板大多为六十厘米左右宽的单幅松板，坚固结实。大堂楼的栏杆与棂窗制作精致，与前厅的建筑风格有所不同，为徽派建筑风格。

沈厅楼走马廊道临近大厅处，有可开启的木窗洞，在此处可以窥视楼下厅堂里的情景。因为在旧时代女眷们不能见生客，譬如有未来的女婿上门来，小姐们就可在楼道里秘密地张望。可见当时建造者用心之良苦。

沈厅最后一进是后厅中间堂屋，是主人平时用餐的地方。旁边就是厨房，有九眼大灶，四口大锅，两口小锅，三个汤罐，煮饭、炒菜、煨汤、热水各有分工，灶下一膛烧火，一灶多锅都能得到热气，非常科学。西窗靠墙有一个长烟囱的大煤炉，那是专门煎中药和煮银耳、人参汤的药炉。厨房里还有在夏天专门压榨甘蔗汁的榨凳，做糯米糕的印模，舂米的舂床等。

三、周庄的桥

周庄的桥古意朴拙，形态各异。主要桥梁有贞丰桥、富安桥和双桥。

1. 双桥

双桥俗称钥匙桥，由一座石拱桥——世德桥和一座石梁桥——永安桥组成。石桥联袂而筑，一横一竖，桥洞一圆一方，因为很像古时人们使用的钥匙，便被称为“钥匙桥”。这两座桥始建于明万历年间，经过历代多次修缮。世德桥长 16 米，宽 3 米，跨度 5.9 米；永安桥长 13.3 米，宽 2.4 米，跨度 3.5 米。石拱桥横跨南北市河，桥东端有石阶引桥，伸入街巷；石梁桥平架在银子浜口，桥洞仅能容小船通过，桥栏由麻条石建成。

双桥最能体现古镇的神韵，碧水泱泱，绿树掩映，悠悠的小船在桥洞穿过。1984 年，画家陈逸飞将双桥画成油画，在美国展出后由美国人购买并赠送给邓小平，引起轰动。1985，双桥被联合国选为首日封图案，驰名中外。

2. 富安桥

富安桥的四角均建有桥楼。每座桥楼有两层，底层就坐落在桥堍上，上层与桥石的石级相连。从楼里跨过落地长窗门槛就是桥石，从桥上可迈进楼内。下半部是朱栏回廊，上半部是木格花窗，四角飞檐起翘，四座楼房倚桥而立，把桥装点得格外美观。富安桥是当今江南水乡惟一幸存的桥楼合一的建筑。东侧的台阶下有一横列的石栏，是红色玄武岩质地的栏杆，栏石中间微微隆起，呈拱形，是宋元时代的文物。（图 6－10 周庄富安桥）

3. 贞丰桥

贞丰桥横跨中市河，由于周庄古名贞丰里，因而得名。该桥建于明崇祯年间，是花岗岩石拱桥。桥两侧有一小楼曾经是“南社”柳亚子、叶楚伧、陈去病等人聚会的地方，人称迷楼。如今贞丰桥、迷楼保存如初，一桥一楼，相得益彰。

知识窗

中国古典园林

中国古典园林是指以江南私家园林和北方皇家园林为代表的中国山水园林形式，在世界园林发展史上独树一帜，是全人类宝贵的历史文化遗产。

图 6 - 10　周庄富安桥

园林在中国产生甚早，其最初的形式为囿，只供帝王和贵族们狩猎和享乐之用。随着历史的发展，园林也不断改善和进步。魏晋南北朝时期是中国园林发展的转折点。佛教的传入及老庄哲学的流行，使园林转向了崇尚自然。中国的古典园林源于自然，高于自然，以表现大自然的天然山水景色为主旨，布局自由；所造假山池沼，浑然一体，宛如天成，充分反映了“天人合一”的民族文化特色，表现一种人与自然和谐统一的宇宙观。

园林在唐宋时期达到了成熟阶段，官僚及文人墨客自建园林或参与造园工作，将诗与画融入到了园林的布局和造景中，使园林建筑不再仅仅是工匠的杰作，更是文人的杰作，让园林的人文风景突现了出来。

明、清是中国园林创作的高峰期。皇家园林创建以清代康熙、乾隆时期最为活跃。当时社会稳定、经济繁荣给建造大规模写意自然园林提供了有利条件，如“圆明园”、“避暑山庄”、“畅春园”等。私家园林以明代建造的江南园林为主要代表，如“沧浪亭”、“休园”、“拙政园”、“寄畅园”等。在明末还产生了园林艺术创作的理论书籍《园冶》。

园林创作思想仍然沿袭唐宋时期的创作风格，从审美观到园林意境的创造都是依据“小中见大”、“须弥芥子”、“壶中天地”等为创造手法。自然观、写意、诗情画意占据创作的主导地位，园林中的建筑起了最重要的作用，成为造景的主要手段。（图 6 - 11 苏州拙政园）

中国古典园林由六大要素构成：筑山，理池，植物，动物，建筑，匾额、楹联与刻

图 6 - 11 苏州拙政园

石。筑山是造园的最重要的因素之一。秦汉时期的上林苑用太液池所挖之土堆成岛，象征东海神山，开创了人为造山的先例。现存的苏州拙政园、常熟的燕园、上海的豫园，都是明清时代园林建山的佳作。

园林一定要凿池引水。古代园林的理水方法一般有掩、隔、破三种。掩就是以建筑和绿化，将曲折的池岸加以掩映。隔是或筑堤横断于水面，或有隔水浮廊可渡，或架曲折的石板小桥，或涉水点以步石。正如《园冶》中所说"疏水若为无尽，断处通桥"。破是在水面很小时，如清泉小池，可用乱石为岸，配以细竹野藤，朱鱼翠藻。虽是一洼水池，却可令人感受到山野风致。

植物是另一个重要的因素。花木有如山峦之发，自然式园林对花木的选择标准很严格。一讲姿美，树冠的形态，树枝的疏密曲直，树皮的质感，都追求自然美；二讲色美，红色的枫叶，青翠的竹叶，斑驳的狼榆，白色的广玉兰，紫色的紫薇等，力求一年四季，园中自然之色不衰不减；三讲味香，要求植物香氛淡雅清幽，不可过浓，否则有娇柔之嫌，也不可过淡，有意犹难尽之妨；四讲境界，花木对园林山石景观的衬托作用，往往和园主的精神境界有关。如竹子象征人品清逸，松柏象征坚强和长寿，莲花象征洁净无瑕，兰花象征幽居隐士，石榴象征多子多孙，紫薇象征高官厚禄等。

第七章　里弄石库门

十里洋场

上海是中国第一大城市，四大直辖市之一，位于中国大陆海岸线中部的长江口，南濒杭州湾，西与江苏、浙江两省相接。上海拥有中国最大的外贸港口和最大工业基地，是中国金融中心、国际贸易中心和国际航运中心。

上海已有两千多年历史，春秋时为吴国地，战国时为楚国春申君封邑，开始建城，“申城”由此得来。“上海”一词最早始于宋代，源于一条名为上海浦的吴淞江支流，后由于沪上酒业发展，政府在本地设置了征收酒税的相关机构——酒务。因地近上海浦，所以称之为上海务。1842年中英《南京条约》签定后，上海被辟为五个对外通商口岸之一，英国、美国和法国陆续在上海设居留地。道光二十五年(1845)，应英国领事巴富尔(George Balfour)要求，在租界内设江海北关，办理向外轮征收关税等事。1854年，上海成立了自治机构——工部局，形成了两个租界与中国地方政府分割管理的局面。租界为避免“华洋杂居”引起华洋冲突，划出洋人居住区，因当时称洋人为“夷”，所以华人称租界为“夷场”。1862年，署上海知县王宗濂晓谕百姓，今后对外国人不得称“夷人”，违令者严办，于是改称“夷场”为“洋场”。“十里”之名，一般认为只是一个虚拟词，表示大。也有人认为美租界沿苏州河两岸发展，英租界和法租界南起城河(今人民路)，西至周泾和泥城河(今西藏南路和西藏中路)，北面和东面分别为苏州河与黄浦江，周长约十里，故被称为“十里洋场”。

开埠后的上海迅速成为亚洲最繁华的国际化大都市，因租界区域外国人较多，洋货充斥，被称为“十里洋场”、“东方巴黎”、“远东第一都市”。

石库门住宅

太平天国时期，李秀成率领太平军东进，攻克镇江、常州、无锡、苏州、宁波等苏南浙北城市，迫使数以万计的富有难民移入上海租界。为了便于管理，租界当局就在指定的地块上兴建了大批集体住宅。这些房子多为立贴式结构，像兵营一样联立成行，对内交通自如，对外只有弄口可以抵达马路，并在弄口设铁门，随时关闭。这种原本是为了便于管理而统一建造的集体住宅，很快发展成为融合东西方居住特色的上海里弄石库门民居。至新中国成立前夕，上海近420万的居民中，除了少数外侨和中国富人住花园洋房，100多万贫民住在城市边缘的棚屋里外，绝大多数居民居住在各式各样的石库门民居之中，总面积达2000余万平方米。作家王安忆在《长恨歌》里说，“上海的弄堂是壮观的景象”，“它是这座城市背景一样的东西”。

一、石库门住宅发展史

1. 石库门的兴起

石库门住宅的雏形大约是在1870年之后形成的，起初为砖木结构住宅，吸纳欧洲联排式住宅布局的手法，但单体平面接近于我国江南传统的三合院或四合院形式，由三开间二厢房或五开间二层楼房组成。大门设在房屋的中轴线上，采用石条框、实木黑漆门和铁环或铜环拉手一对，门内小院称为天井。楼下正房为客堂，客堂的门是六扇或八扇的落地长窗，后面是白漆屏门，左右为厢房。客堂后面为扶梯，再后面是后天井、杂屋和厨房。楼上正中一间为客堂楼，有的称前楼，两侧为东西厢房。整栋房屋为封闭式，一幢房屋面积在一百多平方米，适合几代人的大家庭居住，也符合中国的传统和风俗。（图7-1 早期石库门住宅平面）

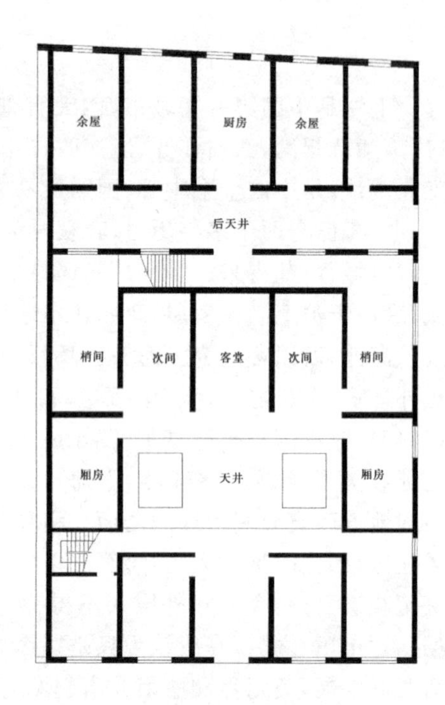

图7-1 早期石库门住宅平面

这种建筑吸收了江南民居的式样，以

石头做门框，以乌漆实心厚木做门扇。用石条围束门的建筑开始被叫做“石箍门”，因为中国人通常把围束的圈叫做“箍”，但是宁波人对“箍”字发音是“库”，上海的“石箍门”就讹作“石库门”了。

石库门建筑盛行于20世纪20年代的上海，占据了当时民居的四分之三以上，至今还有近40%的上海市民居住在有一个多世纪历史的石库门中。最早的石库门建造在英租界的河南中路、宁波路、浙江路一带，受当时经济所限，石库门弄堂狭窄，一般在3米左右。房屋结构为立贴式木构架，粉墙围护。山墙用马头山墙、观音兜山墙或荷叶山墙。大门用石发券，上砌三角形、半圆形或弧形门楣，内饰西洋山花。屋盖在木构架上铺衍条，上铺砖望板和蝴蝶瓦。（图7－2 早期石库门住宅立面）

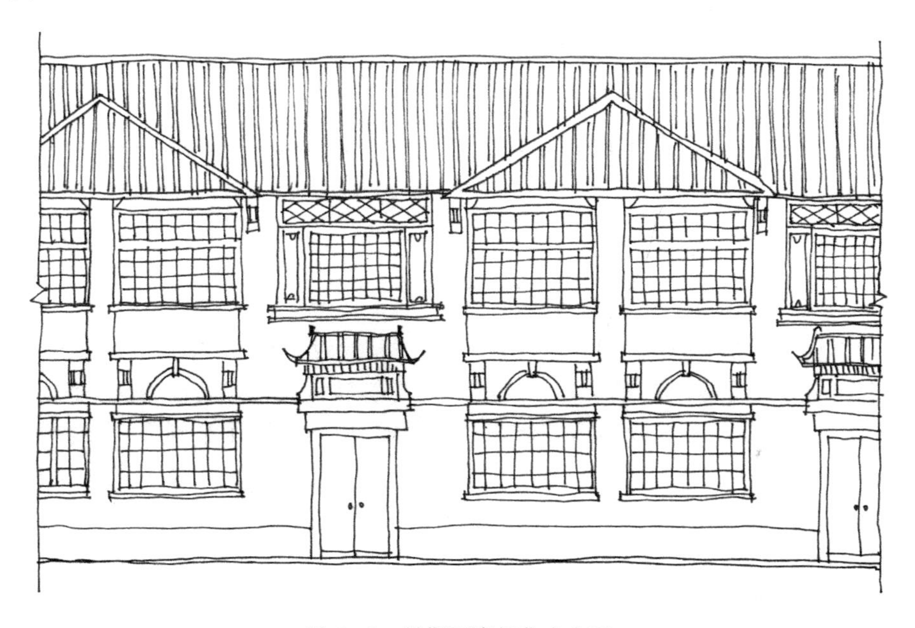

图7－2　早期石库门住宅立面

2. 改进式石库门住宅

1910年到1930年是老式石库门住宅兴盛时期，随着上海城市迅速发展、三代弄堂家庭化的分化、小家庭结构的普及和土地价格飞涨，老式石库门住宅已不适应上海人的需求。房地产商逐步取消了三开间二厢和五开间二厢的平面，推出了改进式石库门。（图7－3 改进石库门住宅）

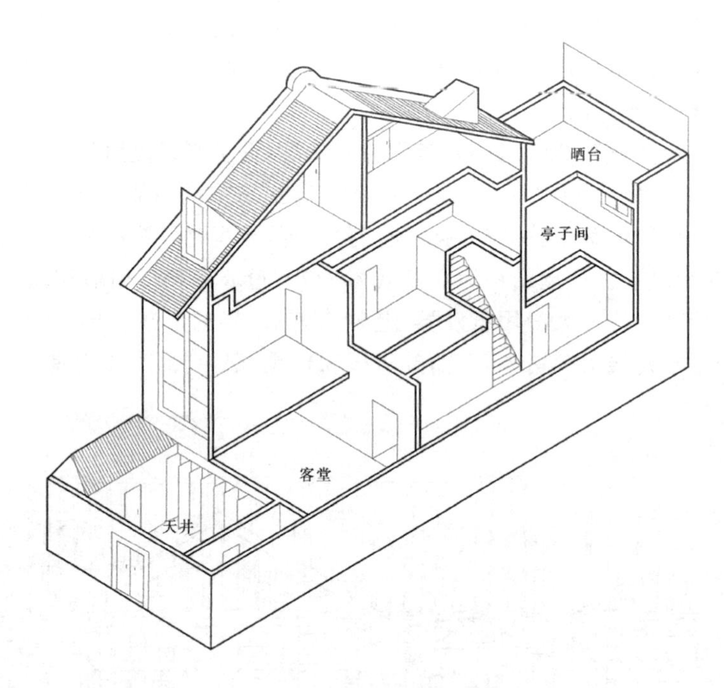

图 7-3 改进石库门住宅

单开间平面的石库门不设厢房,二开间平面的设单厢房,厨房分隔成前后两间。后天井后部原来单层的杂屋和厨房改为与前部房屋错层的灶间,上面是亭子间,再上面是晒台。门头模仿西方建筑装饰的成分增大,除了半圆形、三角形门媚外,还增加长方形门楣。长条门框改为水泥或砖砌,还镶嵌西式柱头花饰和线脚。马头山墙、观音兜山墙和荷叶山墙已不使用,屋面多用小青瓦和机平瓦。有的里弄山墙采用西式巴洛克风格配嵌西式装饰图案。外墙普遍采用石灰勾缝的清水青砖墙或清水红砖墙。楼阁栅由杉木改为洋松,楼板铺洋松企口板。屋面檐口做封檐板及白铁落水管。栏杆开始用铸铁或熟铁做花饰,有的住宅还装上百叶窗。

3. 新式里弄住宅

新式里弄住宅出现于 20 世纪 20 年代后期的租界内,总体上更接近欧洲近代住宅建筑,装修精致舒适,室外弄道宽敞,楼前庭院葱绿,居住环境优美。房屋正面设大玻璃阳台,使房屋的通风采光条件更为良好。

1919 年到 1930 年期间是新式石库门里弄建造的最盛时期。它保持了里弄石库门的形式,在结构配置上对早期石库门里弄进行了一系列合理化改进,由三间二厢改为二间一厢,层高降低,层数由二层改为三层。楼梯靠分户墙布置,楼梯平台处设亭子间。立面上有的采用了阳台。(图 7-4 新式石库门里弄住宅)

图 7-4　新式石库门里弄住宅

这个时期石库门里弄在房屋结构上有所改进，由立贴式木结构改为砖墙承重，使用人字屋架，一部分前面有挑出阳台和水泥晒台，有些局部采用了西方传入的砖石钢骨混凝土结构。外墙由原来的纸筋石灰墙面，改为用机制红砖或青砖砌筑、石灰勾缝的清水墙面。石库门的框料也由天然石料改为斩假石、汰石子等材料。因受欧洲影响，大门上的凹凸花纹条及花格子小门已较少采用，改用简单线条。弄堂、天井、厨房及浴厕间等处多用水泥铺地面。客堂用洋松地板，较考究的则用颜色花砖。厢房间的窗槛和客堂楼、厢房楼窗槛下的窗肚墙处有代以砖墙的汰石子或水泥磨石子饰面。房屋设备方面日臻完善，除一般水电设备外，质量高的住宅用暗装电线，加装卫生设备，少数装有壁炉，甚至有汽车间。

里弄规模较前扩大，弄道较前放宽，一般在 4 米以上，极大改善了空气流通和采光条件。

二、石库门弄堂建筑特征

石库门住宅将居民的居住空间有序地分隔成公共空间(街道)、半公共空间(总弄)、半私密空间(支弄)和私密空间(住宅内部)这样几个不同的层次，又将这些不同层次的空间有机地组织在一个有序的系列中。总弄是整个弄堂内居民相互交往的公共活动空间，次弄则是近邻之间的半公共交往空间。这种空间组织方式，对外由于相对封闭，因此产生了强烈的地域感、认同感和安全感，使得整个石库门形成了一个完整的社区。对内，这种空间组织方式又能带来一种浓烈的邻里感和社区感。

(1)弄外空间

临街的石库门住宅好似一堵厚“栅”,将整个弄堂围住,使它们同后面的弄堂成为一个封闭的区域。城市嘈杂的街道与弄内安静的居住环境被它截然分开,使得石库门弄堂成为一种绝好的闹中取静的理想居住区。整个石库门的对外联系仅为少数几个弄堂口。

石库门弄堂的沿街空间还给整个石库门带来了视觉上的统一性与可识别性。间或出现的底层店铺,形式各异的二层阳台,带各种图案装饰的顶部女儿墙或开有老虎窗的瓦屋顶错落有致、富有韵律,形成了上海城市空间中最具有特色的街景之一。

弄堂口是由外部城市公共空间进入石库门内部空间的门户,它往往是视觉的中心和装饰的重点。弄堂口常用过街楼的形式。

(2)弄内空间

老式石库门里弄的总弄宽一般在 4 米左右,支弄宽为 2.5 米左右;新式里弄考虑到汽车通行的要求,总弄宽度为 6 米左右,支弄宽度为 3.5 米左右。在使用功能上,总弄是供人、车来往的干道,支弄用于家庭与外部的联系。总弄的空间由前后弄门及均匀间隔的住宅山墙组成。山墙之间即为各支弄,支弄弄口往往有砖发券或过街楼将弄道分隔出更加丰富的空间层次。(图 7-5 石库门里弄)

图 7-5 石库门里弄

三、石库门住宅的建筑装饰

1. 门头装饰

石库门民居最具标志性的部位是门头，它是每个单元石库门的入口，以门为主体，配以墙或柱。通常石库门门头由木门、门框、门套及门环等组成。无论石库门民居的其它部分是多么的千差万别、形式迥异，它的门都是一律漆成黑色的，且门上都有一对铁环或铜环。它的装饰纹样是中西合璧的文化艺术的集中反映。（图7-6　石库门门头装饰）

图7-6　石库门门头装饰

虽然石库门门头是上海石库门的标志，但基本上不存在两条具有一模一样石库门门头的石库门弄堂。最主要的不同就来自石库门门套和门楣。从外形上来说，石库门门楣可以分为简单装饰型(仅在门框上方用砖块做一些简单的装饰)、半圆形、三角形、长方形等；从质地上来说，石库门的门套和门楣有石子装饰的、水泥砌筑的、砖砌筑的等传统纹样的差别，但整体感觉带有欧洲古典主义味道。

2. 窗的装饰

石库门民居的窗形式各异，不仅开启的方式不同，使用的材料和处在的部位也各不相同。比如有落地的长窗、木头的百叶窗、钢窗等。和石库门民居的门头一样，窗户也是石库门民居装饰纹样大量运用的一个重点部位。

落地长窗和百叶窗是石库门最具代表性的两种窗。“老式石库门民居因为受中国传统文化影响较深，窗通常采用隔扇和支摘窗构造”，考究的还装饰有带有中国传统吉祥含义的精美木雕花饰，新式石库门民居则多用木质的百叶窗。

3. 过街楼装饰

过街楼是石库门民居“弄堂”的入口，既有实用性，同时又是石库门弄堂的门面，建造时往往较为考究，带有丰富的装饰纹样。

过街楼的一层是挑空的弄道，这里的装饰围绕这一挑空的空间的边缘展开。弄口的上方是镶嵌弄名的地方，再往上是过街楼的窗，窗台和周围的立面也是各种装饰纹样展示的重点部位。顶部高出檐口的女儿墙更是装饰纹样集中展示的部位，形状有三角形、拱形、水平型等多种，立面上的装饰纹样更是五花八门。一二层空间转换部位的弄口形状除了比较常见的半圆形，还有水平形和折线形。

4. 山墙装饰

石库门民居的山墙于一列石库门房子的顶端，在弄道里或者远处望去是很显眼的，自然成为装饰纹样重点修饰的部位。这些山墙虽然源自中国传统民居，但是又加入了西方的装饰要素，因而千姿百态，风格迥异。有的如阶梯，从最高的中间位置逐渐向两边迭落；有的带有经典的巴洛克艺术风格，装饰线条柔美；有的高耸在屋面之上，把烟道整合在里面，修长而有气势；有的带有现代主义艺术风格，装饰线条简洁而笔直。

山墙上往往点缀有漂亮的花卉装饰图案，成为视觉焦点，改变了石库门民居因为联排结构而有些千篇一律的感觉，在空间节奏感上起到了很好的调剂作用。

四、石库门住宅的文化价值

随着城市现代化的推进，石库门住宅因为不能满足人们对居住功能的需求逐渐退出了时代的舞台。进入20世纪90年代，石库门消失的步伐和上海老城区改造的步伐是同步的。致力于上海老建筑保护的同济大学伍江博士说：“单纯从建筑的角度出发，石库门是特定历史时期的产物，走过百余年的历史，消失是正常的，而且石库门的结构也已不适合现代人的居住观念。但是，石库门作为近代文化的象征是永存的，它是上海人开拓一种有别于传统方式的新生活的标志，是上海人趋向新文明的开始，因此，如果石库门完全消失，将是上海历史和文化的重大损失，今天的上海人将为此有愧于后人。”

石库门里弄建筑是上海市民的精神家园，是上海宝贵的城市记忆。作为上海最具代表性的居住类型，石库门里弄建筑体现了人与建筑之间不可分割的特性，培养了上海人之间的亲情感，构成了上海最本色的生活图景。

田子坊更新

田子坊深藏于上海泰康路 210 弄，原名志成坊，始建于 1930 年。它是上海最早的创意产业园集聚区之一，作为城市现代化进程中对原有城市生活风貌成功保护与利用的案例，被广为宣传和报道。今天的田子坊被认为是“去一次不够，去十次也绝不会腻味的地方”。也有人说她是“上海历史风貌和石库门里弄生活的‘活化石’”。

一、田子坊发展源流

田子坊原名志成坊，始建于 1930 年。位于卢湾区中西部，与徐汇区毗邻。街区形态基本形成于 20 世纪 20 年代，是较为典型的里弄式传统街区。

泰康路曾经是法租界的重要组成部分。19 世纪末上海开埠后，这里仍为河流纵横，人烟稀少，卢家湾水道贯穿其间，“卢湾”区由此得来。由于处于法租界和华人住区、商业街区和工业区的过渡地带，泰康路呈现复杂的环境空间格局，社区形态具有丰富性和多样性。这里既有上层社会居住的花园住宅区，也有中产阶层居住的普通新式里弄住区，还有下层工人居住的简陋里弄住区，以及工厂生产区。

20 世纪 30 年代，在这个路幅仅二三米宽，约 140 米长的老式里弄里汇集了 36 家作坊式小工厂，这些小工厂与石库门内的居民同时挤在狭窄的弄堂里。20 世纪 20 到 40 年代，有大学教授、政治人物、画家等各阶层民众居住于此；1931 年后还是著名的新华艺专后期校舍所在地；画家汪亚尘夫妇入驻这里的隐云楼，创办了上海新华艺术专科学校和艺术家协会“力社”；《生存月刊》、《循环》周刊等文艺文学刊物于 1930 年左右在此创办，是与文化人最有渊源的地方。

泰康路还是中小型里弄工厂的集中地，主要是纺织印染、化学化工、食品加工和机器制造厂。解放后此地段的里弄工厂发展较为平稳，原来较为混杂的工业用地与周边居住区保持了相对的独立。

改革开放后，由于产业结构的调整，泰康路的工厂逐渐从繁荣走向衰败，泰康路上的小商铺集中转向以藤艺、石雕为主的工艺品店铺。到 90 年代末成为较为著名的工艺品特色街。从 2000 年开始逐渐有视觉创意产业的设计室进入，形成了很具活力的艺术街区。（图 7－7　田子坊街景）

图 7－7　田子坊街景

二、田子坊的改造

泰康路地块位于上海三区交汇之地，与衡山路时尚休闲街、新天地、雁荡山路休闲街和城隍庙传统商业区都比较接近，处于人流聚集分散的中心区位。这里是上海人文底蕴最为深厚、历史价值最为丰富的部分之一，既是中国共产党成立发展的重要标志区域，也是中国国民党各重要人物活动的主要场所，加上国泰、兰心等著名的老剧场，使这一地段充满了历史文化要素。

1998 年，陈逸飞在此开办工作室，是志成坊成为创意产业园的开始。1999 年，画家黄永玉来此，取《史记》记载中国最早的画家"田子方"之谐音，改名为"田子坊"，寓意"艺术人士集聚地"。此后坊内的石库门老建筑陆续通过招租的形式转型，先后有 6 家老厂房将房屋的使用权出租给艺术家、工作室。在不改变建筑的前提下，完成建筑功能的转型和升级，初步形成小规模的创意产业园区——田子坊。

十年间，田子坊逐渐发展为上海标志性的创意产业园区。2006 年年底，一楼的房子已经一室难求，二三楼的居民开始通过集体的形式招租引商。田子坊相继进驻的艺术家除陈逸飞、尔冬强、王劼音、王家俊外，还有香港陶艺家郑祎、美国陶艺家古米、法国设计家卡洛琳、南斯拉夫摄影家龙·费伯等。

2000 年 5 月，在市经委和卢湾区政府的支持下，田子坊进行了全面的改造。开发旧厂房 2 万余平方米，吸引了来自中国、澳大利亚、美国、法国、丹麦、英国、加拿大、新加坡、日本、爱尔兰、马来西亚、香港、台湾等 18 个国家和地区的 102 家中外创意企业入驻，就业人数近 600 人，其中外籍人士占 1/10，并形成了以室内设计、视觉设计、工艺美术为主的产业特色。

自 2004 年起，石库门原住民自行改造自己的住房后出租，成为田子坊的第二期开发。现在的田子坊创意园区由工厂区和居民区两部分组成。工厂区已入驻商家或创意工作室 137 家，居民区入驻 144 家。2006 年，田子坊被评为中国最佳创意产业园，盛赞不绝，被外界称为“上海的苏荷”，成为“上海历史风貌和石库门里弄的一块活化石”、保护上海海派文化和传承历史文明的重要文化湿地。

田子坊以其优越的地理位置、宜人的建筑尺度、多样的建筑形式、丰富的街巷交往空间和多姿的风土生活形态，成为文化艺术、时尚设计领域创意人才的荟萃之地，成为上海城市文化的一个重要载体。

2008 年，卢湾区政府出资 1000 万元，对该社区内的下水道、化粪池、绿化、风貌建筑等公用、共建配套设施进行改造和维护保养。田子坊社区建筑形态分为花园别墅、新式里弄、花园里弄、简单新式里弄等几种，弄内公房、私房约住有 1500 户居民，其中近一半的老石库门为倒便器房，通过区政府改造，这部分倒便器房改建为抽水马桶卫生间。

整个成套改建工程分三期进行，第一期完善以泰康路 210 弄内传统结合现代里弄工厂为主的创意产业集聚地，打造以 248 弄和 274 弄为主的市井文化休闲地；第二期在居住功能不变的前提下，对原建筑加以修缮与保护，建设居住与产业结合的海派文化、生活方式和里弄风貌新型社区；第三期通过注入文化创意、旅游休闲和技术创新等手段，使原住民的居住生活条件得到改善。其中一期约涉及 670 户居民，到 2009 年底基本完成，其余的西式别墅和花园里弄以后将分期分批改建，整个改建计划于 2015 年完成。（图 7－8 田子坊旧厂房改造 百度图片）

图 7－8　田子坊旧厂房改造

三、田子坊改造模式分析

田子坊保存了上海城市的生活肌理。坊间红瓦如鳞，老虎窗藤蔓缠绕，乌漆大门后的小天井、晾衣杆、搓衣板、马桶刷……，是活着的上海里弄生活。人们在这里看到的不仅是过去的上海，更是现在的上海；不仅是被保护的历史，更是被延续的生活本身。

田子坊保留了“穿弄堂”的活性意趣。历史上的上海里弄基于外铺内里的布局，不同弄间通过商业的连通而相互串接，弄堂内部也常出现商业门面，使得人流在弄堂内外的穿越行为增加，俗称“穿弄堂”。因此，里弄内部交通的开放性也随之增加，形成复合的交往空间和网络型城市空间。

田子坊作为上海里弄改造的范例，依然存在居民与商家的矛盾。居住空间因为被商业空间过度利用矛盾重重：田子坊中餐饮店、咖啡馆、酒吧数量过多，排放油污浊气的出口一般处于二楼高度，加上间歇喧哗的噪音声响，让居民感到不安定。多数居民不反对创意工作室进来，他们是“搞文的”，安静。但是现在田子坊如果再不控制餐饮业的规模，就会变身“美食一条街”了。

另外，由于大量游客光顾滞留酒吧、餐饮店，店内面积无法容纳，遂搬桌椅侵占弄堂，居民只能在原已逼仄的弄堂内艰难穿越，而且对附近作息规律的居民造成了不小的影响，使得居民的生活条件比改造前更为恶化。

最为重要的是，随着田子坊版块的放大，其主体功能艺术文化逐渐被时尚消费取而代之，被商业“劫持”，类似歌剧沙龙、版画制作、诗歌朗诵的活动，如今日渐冷清，人们从艺术中心前面走过，偶尔有人停下来往里张望一眼，但进来读书、看影展的游人屈指可数，艺术中心成了孤岛。

从田子坊的目前状况来看，弄内现有的商业定位与居民生活几乎毫不相干，里弄的居民生活被逐渐利用作为商业行为的附加景点，沦落为被商业包围得密不透风的观瞻对象，成为居住生活的障碍和威胁。

知识窗

书　院

书院是东亚古代封建社会特有的教育组织形式，是藏书、教学与研究三结合的高等教育机构，萌芽于唐，完备与宋，废止于清，前后千余年的历史，对中国封建社会教育与文化的发展产生了重要的影响。

书院之名始见于唐代，发展于宋代，最初由富室、学者自行筹款，于山林僻静之处建学舍,或置学田收租,以充经费。著名的书院有江西庐山的白鹿洞书院、湖南长沙的岳麓书院、河南商丘的应天书院、湖南衡阳的石鼓书院、河南登封的嵩阳书院等。

书院根据主办者的不同,形成了官办与私办两类。唐代最初设立的官办书院是丽正书院和集贤书院。私办书院有张九宗书院、义门书院等。早期的官办书院是唐王朝修书、侍讲的地方。唐玄宗开元年间,在全国征集收藏于民间的图书,为了更好地整理图书,除在国家藏书机关兼校书机关"秘书省"、"弘文馆"、"崇文馆"等处藏书、校书外,还专门设置了"书院"这一机构开展此工作。开元六年(公元718 年)设丽正修书院,十三年改称集贤殿书院。

唐代还兴起了许多私人创建的书院,这些书院多半只是读书人自己读书治学的地方,不过也有一些书院有教学活动,并有数量可观的藏书。

北宋初期国力渐趋强盛,各地名儒、学者和地方官吏纷纷兴建书院,以培育人才。一大批著名书院,如白鹿洞书院、应天府书院、岳麓书院、嵩阳书院等建立并发展起来了。这时,雕版印刷术的推广和活字印刷术的发明,更为公私藏书创造了便利条件。

到了南宋,以朱熹、陆九渊为代表的理学在社会上日益风行,理学家们的讲学活动活跃起来,又出现了一个大办书院的高潮。南宋的书院实际上是讲研理学的书院,书院的社会地位很高,影响很大。

明代初期一批士大夫重新提倡自由讲学,书院又兴盛起来。当时著名理学家王守仁、湛若水先后在各地广收门徒,传道授业,将书院办成既是学术研究中心,又能进行教学的机构。明代书院教育以"会讲"为特点,重清谈,轻读书,一些著名书院成为社会舆论的中心,东林书院的对联写道:"风声雨声读书声,声声入耳;家事国事天下事,事事关心。"因为针砭时弊,评议政治,东林书院遭到了当权者的猜忌,发生了禁毁书院的案件,其中以权官魏忠贤迫害东林党人一案为最。

清代学术研究重考据,对文献的需求量极大,书院又逐渐兴盛起来,书院藏书一时蔚为大观。随着封建制度的迅速崩溃,书院制度慢慢解体。光绪二十七年(1901 年),将书院改设为学堂,省城设大学堂,各府和直隶州改设中学堂,各州县改设小学堂,并多设蒙养学堂。于是,从唐朝兴起的书院,至此基本退出历史舞台。

书院建筑布局一般以讲堂为中心,中轴对称,庭院天井组合,小则二三进,由大门、讲堂、祭殿或书楼,依次排列;大则多达五六进,增设二门、文昌楼阁及亭、台等建筑,以体现其讲学、藏书、供祀所谓"三大事业"的主体地位。斋舍则分列于中轴两侧,或前或后,各成院落,以满足居学读书的需要,少则数间,多则数十间甚至上百间。其他厨湢仓廒、亭台楼阁因院因地有别,相应配置,不拘一格,少数书院尚有文庙、考棚设置,为官学化影响所致。(图 7-9 长沙岳麓书院)

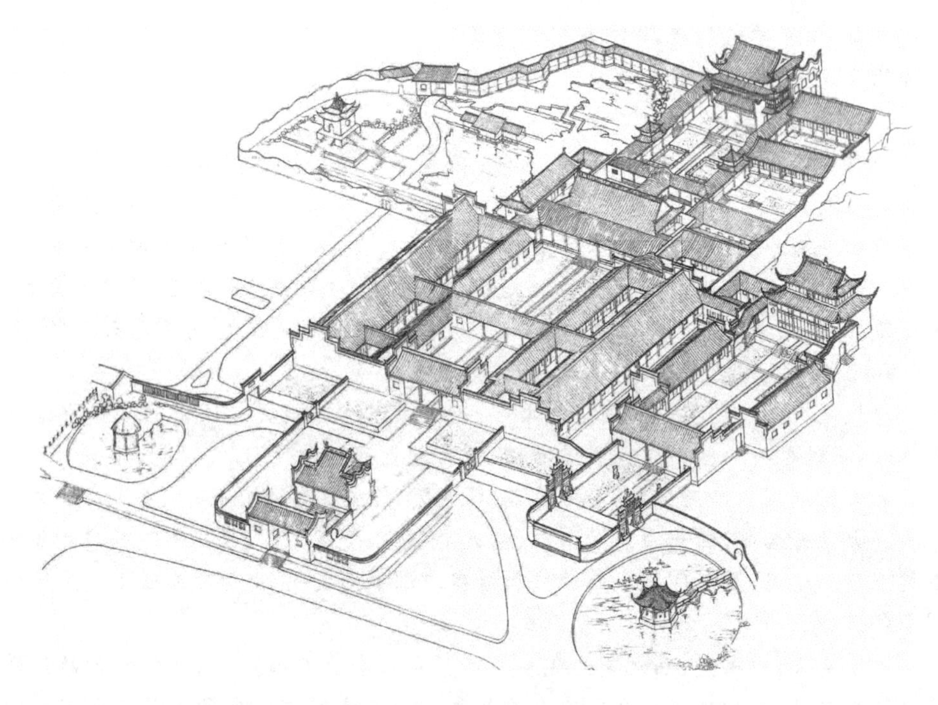

图 7-9 长沙岳麓书院

书院建筑地方特色明显，多以砖木结构，单层为主，突出个别楼阁。晚期亦有两层者，造型简洁庄重，较少雕饰彩绘，点缀素雅，显示出朴实自然之美。

书院环境的选择与建设尤为突出。大多择幽静之区或名山胜地，重视园林建设，开拓风景，保护古迹，形成地方一景，更有创辟书院“八景”、“十景”者。书院通过命名题额、嵌碑立石、匾联语录等，突出其教化内容、修身之道、为学之方、学规箴言以及书法艺术等，更增强其感染力和斯文气息，反映浓郁的文化气质，成为地方传统建筑的重要代表。

第八章　万国博览

鼓浪屿

鼓浪屿位于福建省厦门岛西南隅，与厦门市隔海相望，面积 1.87 平方公里，岛上居民 2 万多人。鼓浪屿原名圆沙洲、圆洲仔，因岛西南方有一礁石，每当涨潮水涌，浪击礁石，声似擂鼓，人们称“鼓浪石”，鼓浪屿因此而得名。岛上气候宜人，四季如春，无车马喧嚣，有鸟语花香，素有“海上花园”之誉。

明朝末年，民族英雄郑成功曾屯兵于此，日光岩上尚存水操台、石寨门故址。1842 年，鸦片战争后，英国、美国、法国、日本、德国、西班牙、葡萄牙等 13 个国家曾在岛上设立领事馆，同时，商人、传教士、人贩子纷纷踏上鼓浪屿，把鼓浪屿变为了“公共租界”。抗日战争胜利后，鼓浪屿才结束一百多年殖民统治的历史。因为中外风格各异的建筑物在此地完好地保留，使鼓浪屿有“万国建筑博览会”之称。

鼓浪屿还是“音乐家摇篮”。漫步在各个角落小道上，不时听到悦耳的钢琴声，悠扬的小提琴声，轻快的吉他声，动人优美的歌声。鼓浪屿有许多钢琴世家，那里有音乐学校、音乐厅、交响乐团、钢琴博物馆。每逢节假日，常举行家庭音乐会，有的一家祖孙三代一起演出，使家庭、团体、社会充满音乐气氛。

鼓浪屿是“建筑博览馆”。许多建筑有浓烈的欧陆风格，古希腊的三大柱式——陶立克、爱奥尼克、科林斯各展其姿；罗马式的圆柱，哥特式的尖顶，伊斯兰圆顶，巴洛克式的浮雕，门楼、壁炉、阳台、钩栏、突拱窗，争相斗妍，异彩纷呈，洋溢着古典主义和浪漫主义的色彩。

鼓浪屿华侨住宅

鼓浪屿风光绮丽，气候宜人。1.87 平方公里的土地上山丘高低起伏，花树掩映之中的各式建筑错落有致，百态千姿。这里有典型欧美风格的楼房堂馆，有折衷中西式样又带有东南亚情调的别墅第宅，也有闽南传统格调的大厝群落。即使寻常的民居楼屋，也多少显现出欧美和东南亚建筑艺术菁华。

一、鼓浪屿近代建筑概述

1. 鸦片战争前的鼓浪屿建筑

鼓浪屿至今未发现明代民居建筑实例。据说明成化十二年(1476 年)曾有“鼓浪屿人黄荡”考取贡士，他在日光岩筑造了一处名为“晃园”的园林住宅，过着隐居生活。

现今保存较为完好的清代“大厝”，当为鼓浪屿中华路和海坛路上的四落大厝。其外围有粉墙，正门建有木结构亭式门斗；墙内砖铺天井；墙基条石均以精雕细刻的花草图案装饰；屋内屏风多由镂空木雕组成，可见当日的富丽堂皇。

海坛路上还有旧称“大夫第”的二落大厝和两排“护厝”。从周围“伸脚”、门墙和庭院的废墟来看，当年的建筑占地面积相当大。“大夫第”内天井的铺地砖有波涛纹的浅浮雕，美观又防滑。“大夫第”前庭尚存一方乾隆五十年(1785 年)黄姓族人倡修石桥的残碑，足见其历史之久远。但是散见于鼓浪屿上富有闽南特色的民居大厝并不很多，保存完整的更少见。

2. 西方建筑的出现

1844 年，英国驻厦领事在鼓浪屿建造领事公馆，虽然该公馆已经不存在，但它确是外国人正式在鼓浪屿建造的建筑物。厦门港口被迫开放后，外国列强的势力如潮水般地侵入厦门，在鼓浪屿占地建房，设立领事馆、海关税务司公馆、教堂、教会学校和医院，甚至做起地皮生意。

3. 华侨住宅的修建

明清之际，闽南人的足迹遍及东洋西洋，厦门渐成为我国东南沿海华侨出入的门户。经过长期的艰苦创业，事业有成的华侨开始衣锦还乡。在厦门邻近地区，到处可以见到一些成功者的华丽住宅。这一时期，鼓浪屿的西式洋房绝大部分是外国人建造的，但也有小部分是中国人的产业。一些洋行的华人买办也在岛上营造住宅。

20 世纪二三十年代，鼓浪屿成为理想的生活居住区，鼓浪屿形成建设热潮。十余年间，仅华侨、侨眷就投资建造了 1014 栋楼房。经过大规模房屋建设，鼓浪屿大体上形成了“万国建筑博览会”的风貌。据《厦门市房地产志》记载，这段时期鼓浪屿的房屋建筑，资金的75％属于华侨和侨眷，建造的别墅住宅约占六七成之多。这个时期建造的西洋风格的建筑和东南亚风格的建筑互相影响，形成颇具特色的鼓浪屿建筑和谐的新风貌。

二、鼓浪屿住宅风格

1. 东南亚风格住宅

20世纪二三十年代鼓浪屿的华侨中，来自菲律宾的最多，其次为缅甸和印尼，他们建造别墅私宅的用地大多是购拆旧居，或向外国房地产商购地。不少建筑物直接采用业主从各自侨居国带回来的图纸，甚至连主要建筑材料也从侨居国运来。于是，英、美、法、荷和西班牙等西方国家的建筑融合和吸收某些殖民地国家原有的建筑特点，形成具有东南亚风格的洋房建筑。这些建筑中现在保存比较完好的有李清泉别墅、黄荣远堂、西林别墅、许汉私宅、许经权私宅，又有“番婆楼”、美国别墅、黄赐敏别墅（又称“金瓜楼”）、陈文良私宅、宜园别墅（又称“时钟楼”）。（图8－1　黄荣远堂）

图8－1　黄荣远堂

值得注意的是，个别华侨所建的房屋相当注意突出中华民族特色，如印尼华侨黄秀烺的“海天堂构”内由五幢东南亚风格的大洋楼组合而成，其门楼的重檐屋、斗拱、门柱和柱础等均仿自古代宫殿式样，钢筋混凝土结构配以西式大铁门，其前原有一对大石狮。该楼院正中的主体楼房为黄氏宗祠，它的建筑形体、门窗廊道具有典型的东南亚风格，但屋顶却采用重檐歇山顶的形式，四角起翘。美国人毕菲力在本世纪初曾注意到鼓浪屿建筑的这种独特之处，他认为是华侨“由于在海外遭受洋人的欺凌，因此在建筑房屋时产生了一种极为奇怪的念头：他们干预设计，将中国式屋顶压在西洋式建筑上，以此来舒畅他们饱受压抑的心情。”

20世纪二三十年代华侨、侨眷在鼓浪屿所建造的住宅大致有以下几个特点。

(1)大部分为二三层的砖混建筑，外墙采用清水砖砌成，无地下室。而在此之前鼓浪屿的西洋建筑多数为一二层砖木建筑，外墙广泛采用砖砌，外抹灰泥，有地下室。

(2)建筑物正立面或两侧多数有宽敞的走廊，正面走廊中间有较大的半圆状突出部分，因为东南亚诸国地处热带，这样的建筑形式有遮阳、隔热和避雨的功能。而从前的西洋建筑虽然有的正立面有走廊，但是基本上没有突出部分。建筑物周围园地较小，有围墙，绝大部分别墅和私宅都建造有高大而富贵的门楼。造型各异的门楼是鼓浪屿建筑的另一特色。这之前的西洋建筑虽然园林草地较大，但无门楼，门口差不多都分立一对矩形的花岗岩方柱。

(3)地板多铺设花纹瓷砖，在此之前以木板为主。

2. 西洋或仿西洋风格住宅

外国列强也加强了建房筑宅，现在保存比较完好的西洋风格的建筑大半也建造于20世纪20～30年代。其中有代表性的建筑物有天主教堂、汇丰银行厦门分行经理公馆、海关验货员住宅楼、万国俱乐部、西班牙人住宅等。

中国人仿西洋风格营造的别墅住宅数量也很多。有一批本地的工匠在建造西洋建筑的过程中，也逐步拿捏其建筑工艺，某些工匠甚至已经能够独立设计和施工。因此，既可聘请到外国的建筑师和到外国学成的本地建筑师，也可以聘请到本地的土工程师。他们仿自西洋建筑的作品往往掺合了个人的爱好和生活习惯，大胆地折中处理。有些建筑物采用西方建筑的外观，布局结构却是闽南传统民居的“四房一厅”；有些建筑物的窗饰则采用中西兼有的花饰，比东南亚风格的房屋还繁杂富丽。(图8-2　林语堂故居)

图 8-2　林语堂故居

中国人仿造的西洋建筑，主要有观海别墅、黄家花园、安献堂、观彩楼、黄贞德私宅、林尔嘉公馆等。这一时期的西洋和仿西洋风格的建筑形体不一、风格各异，但总体看来，已揉合东南亚建筑的某些优点。

三、鼓浪屿住宅建筑特征

鼓浪屿建筑装饰特点突出体现在视觉效果和装饰效果具有较浓的人情味上。其建筑的形体和轮廓简单明了，对建筑造型的各种构成要素倾注了较大的精力。屋顶、门窗、柱廊、柱式、水平线脚等造型元素体现了业主喜好。（图 8-3 叶清池别墅）

图 8-3　叶清池别墅

鼓浪屿建筑的居住意识很浓，追求居住情趣和人情味，表现在庭园环境的塑造、建筑形体的组织和细部的装饰上。在庭园绿化方面，突出一个回归自然的主题，强调浓烈的人情味。细石铺砌的道路，虚实得当的形体，季节变化和形体变化的树种搭配，形成一幅构图完美的田园风景画。细部装饰的人情味表现在材料质地和图案运用上，细部的各种花草形象、花饰图案、线脚等，尽量将建筑的人工味和非自然因素柔化，建筑变得活泼，富有生命力。

1. 建筑平面

鼓浪屿近代建筑平面形式的构成元素主要有柱廊、阳台、角楼、入口台阶、功能房间等。几种常见的平面模式有柱廊式、角楼式、阳台式和综合式。

(1)柱廊式：这是一种比较常见的建筑形式，与当时西方所流行的新古典风格折衷式建筑有关。其形体方正，柱廊分布方式有单面、双面、三面、周边四种。柱廊宽度常见为2.4～3.0米，功能为空间过渡、调节气候、美化造型，通过柱廊形式的变化，达到建筑形体繁简、虚实、协调的形式美和丰富的光影效果。

(2)角楼式：设于建筑转角处的角楼，单一的形体塑性强，在造型上起反映建筑形体骨架特色的作用。它通过窗式和水平线脚的塑造，自身就具有完整的造型。其平面形式有四方形、六边形、八边形、圆形等。依其在建筑上的分布，所组成的平面有单角楼式、双角楼式，还有部分的四角式。在主立面上角楼通过与柱廊组合，形成实与虚、垂直方向与水平方向的对比。(图8-4 金瓜楼)

图8-4 金瓜楼

(3)大阳台式：大阳台自身栏板通透，造型丰富，有些建筑把它作为造型的主题，置于平面的关键位置突出塑造，形成以大阳台为主题的独特形式。如观海园海员俱乐部、李清泉别墅、许春草堂。阳台在主立面上的作用强调得十分明显，成为立面的构图中心，它强调了入口，又丰富了造型。

(4)混合型：有些较大型的建筑如郑成功纪念馆、八卦楼，将柱廊、角楼、大阳台巧妙综合于同一平面中，使建筑形体轮廓十分优美而富于变化。这种形式具有中心突出、虚实相映、造型活泼等特点。

2. 建筑立面

鼓浪屿近代建筑中常见的造型元素有屋顶、柱廊柱式、角楼、窗式、入口及半地下室等。各种要素有机组合，构成一幢幢风格不同造型各异的优美建筑。常见的立面有拱券式柱廊立面、直梁式柱廊立面、大阳台式立面、角楼式立面，还有一些学院派的希腊三角形山头立面等。(图 8－5　船屋)

图 8－5　船屋

(1)拱券式柱廊立面：常为奇数跨，中间多为入口。为了强调入口，入口跨度常大于普通跨，装饰及工艺手法也较细。柱廊式立面多为两层，也有一层带半地下室，还有三层均带柱廊的。层间及檐部多以水平重叠线脚或不同材料进行分隔，使立面显得工整并层次分明。建筑下部的半地下室表面的材料及其质感明显比上部粗犷。屋面多为四坡屋面，上下层次分明，结合紧密，使建筑显得稳重而端庄。

立面装饰的讲究程度体现在对不同的柱廊形式的选用和细部的刻画上，形成似曾相识而各不相同的立面效果。

(2)大阳台式立面：大阳台在立面构图上也设法塑造得十分突出，从而形成一个以大阳台为主体的立面模式。这种大阳台多为层层叠加，常见的是二层。各层阳台做法大都是一致的，有的建筑各层阳台的造型也在变化。阳台平面形状有直廊式、圆形和圆弧形三种。阳台在立面上有完全突出式、半突出式、凹入式。直廊式阳台的屋顶部分常设山花。通过阳台平面形成的变化，各层使用方式不同和阳台水平线脚等细部装饰不同。

(3)角楼式立面：角楼式立面常为双层，也有少量三层的。角楼常与柱廊配合使用。角楼和柱廊在主立面上结合使用有几种方式："单角楼＋柱廊"的不对称式；"双角楼＋中间柱廊"的对称式。

3. 屋顶形式

鼓浪屿近代建筑的屋顶做法很多，常见的有闽南民居形式、平屋顶、一般双坡和四坡屋顶、多坡屋顶和异形屋顶。

闽南民居式屋顶一般为早期岛上渔民居住的建筑所采用，现存数量不多。其装饰做法和屋顶外形均为闽南民居形式。现在还可见到的燕尾屋脊、马鞍形屋脊的建筑群分布于中华路和海坛路。

平屋顶较少使用，有些带有较大阁楼的屋顶常采用这种形式。也有一些退台式建筑使用平屋顶。平屋顶常设有隔热层，为了使屋顶不至于太单调，在山花或檐口部分装饰。

一般小洋房屋顶用两坡、四坡屋顶。屋瓦用小平瓦、波形瓦、屋脊线压砖或筒瓦。此类屋面无大的空间，常通过瓦缝通气，起到保湿隔热作用。有的屋顶装有老虎窗或小阁楼，用于上人检修屋面。这类屋面数目众多，红砖红瓦，绿树掩映，令人赏心悦目。

多坡屋顶形体复杂，通过山脊走向的变化和多坡屋顶的巧妙结合使建筑产生高低错落的形体变化并呈现优美的轮廓线。

异形屋顶具有异国情调，多用于展现其标志性和独特性。如八卦楼的圆穹顶以其饱满的风姿雄踞笔架山顶，十分显眼，在鼓浪屿的众多建筑中独揽风骚。

海天堂构

海天堂构位于鼓浪屿福建路 38 号，为鼓浪屿十大别墅之一，是鼓浪屿上唯一按照中轴线对称布局的别墅建筑群，为菲律宾华侨黄秀烺购得租界洋人俱乐部原址所建。2002 年，海天堂构被厦门市政府列为重点历史风貌建筑。海天堂构共有五幢老别墅，现对外开放三幢，其中 34 号被开发成极具品味的南洋风情咖啡馆，供游人在老华侨别墅中体验悠闲的咖啡时光；42 号被开发为中国非物质文化遗产南音和木偶戏演艺中心；主楼 38 号被开发为鼓浪屿建筑艺术馆，展示老别墅及其背后鲜为人知的名人往事。海天堂构目前是鼓浪屿上最时尚精致的老别墅文化旅游景点，堪称厦门的新天地。

一、海天堂构建筑概况

海天堂构建于1921年，由莆田工匠建造，总占地面积约6500平方米，由5幢主体建筑构成。主入口置于北侧，布局呈中轴线对称方式。中轴线上的主体建筑为仿古式中西合璧建筑，左右两侧为欧式建筑，全部为两层。东西南各有两个主要入口，每幢建筑都有对外的直接出入口。从主入口进入后为6米宽的林荫道，然后进入庭院广场。广场面积约700余平方米。（图8－6 海天堂构中楼）

图8－6　海天堂构中楼

主入口采用仿古式混凝土大门，其余各门均为欧风式样，与四栋配楼相协调。主体建筑采用白色勾缝的红砖作柱，并采用碧瓦、歇山与四角攒尖的屋顶，在四栋配楼的衬托下十分醒目。主体建筑入口采用从两个侧面台阶而上的西式做法，使庭院十分完整。

1. 中楼

中楼为宫殿式建筑，采用重檐歇山顶，四角缠枝高高翘起。楼顶前部别具匠心，设计了一个外表看似重檐攒尖的亭子，亭尖还安了一个宝葫芦，从内部看是个条木拼成的八边形藻井，从二楼直达井顶，井壁上画有中国花鸟画。门、窗、廊、厅的楣上均饰挂水泥透雕飞罩；所有檐角均装饰缠枝花卉或戏水蛟龙。挑梁雀替均塑龙凤挂落，把别墅点缀得十分民族化。廊柱为方形，红砖砌成，色调自然和谐。正厅四个垂柱花篮与栏杆上的花盆上下对应。特别是以斗拱装饰走廊外沿，显得格外稳重，其结构形式为砖木结构，局部混凝土现浇板，三层。（图8－7 中楼首层平面）

清水红砖外墙，阳台柱为清水红砖砌筑，内承重墙为砖墙，部分房间由木隔断

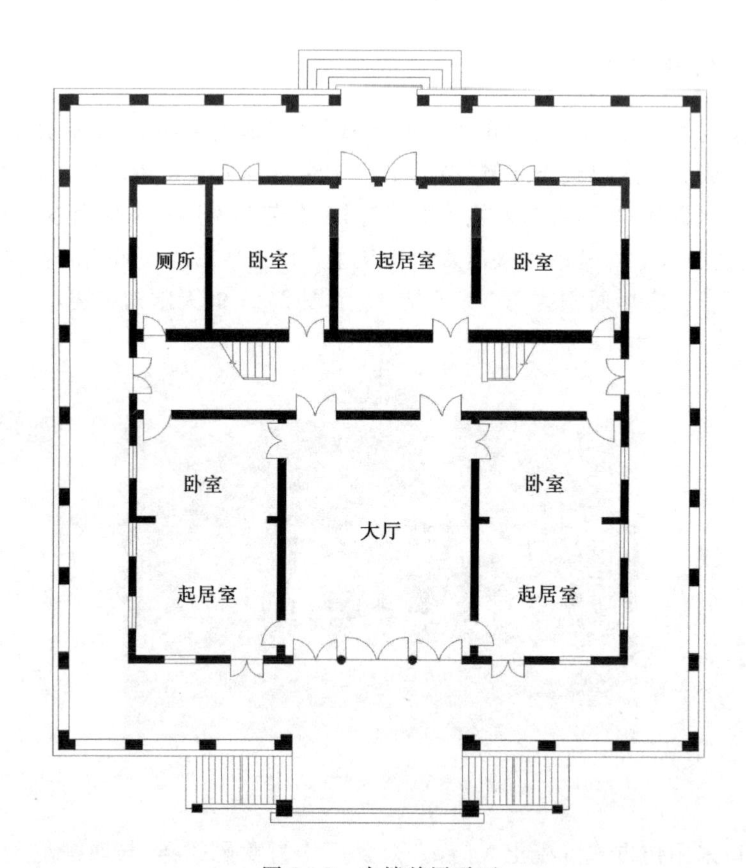

图 8-7 中楼首层平面

分隔，除外阳台板为钢筋混凝土现浇板外，其余楼板均为木结构楼板。室内楼梯为木制楼梯，室外为条石楼梯及条石踏步。室内地面均为木地板，室外阳台、廊道地面为花砖地面。

整栋建筑四周均有外廊，中心各室有 10 个门可通向外廊空间。这个外廊既是庭院与居室的过渡空间，也扩大了起居室。客厅位于底层正中，配合客厅的使用，所对主入口空间向外凸出，使客厅前廊十分宽敞，既突出了客厅的位置，也使客厅的室内与室外空间的联系得到加强。

建筑立面做法上也有许多创新，采用中西两种构造做法。屋顶基本上是中国古建筑做法，但在槽口饰物上却用混凝土做出闽南木雕般的花样，包括斗拱、垂花等。

运用欧风构件亦十分得体、自然，如栏杆上的花瓶柱、倾斜 45°角的十字形栏板，望柱上的花钵十分自然，与垂花形成有趣的景框。在门窗做法方面，欧式百叶窗、圆拱窗与中国古典式门窗相配合，显示出设计上的开放、灵活与大胆。

建筑材料多用清水砖、条石、木、筒瓦等，做工精细、搭配适宜，表现出了一种雍容大度、博采中西文化之长的气魄。

2. 配楼

配楼为排列对称的两幢建筑，每幢建筑以中楼为中心左右对称，整体为方形，体量饱满。建筑风格有多种，在入口两侧均设有古希腊柱式门廊；周边设廊道，廊道外侧柱式用西式线角；廊道柱间采用拱的形式，柱式间距合适，比例得当。檐口为大线角收口，屋面为坡屋面。结构形式为砖木结构，为混凝土现浇板，局部三层。（图 8－8 海天堂构配楼 ）

图 8－8　海天堂构配楼

二、海天堂构修缮

1. 修缮原则

对最能体现建筑特点的，诸如外墙外饰、图案、雕刻、阳台栏杆、屋顶等原汁原味的加以保留。房间的图饰也保留原有风格。房间的内分隔尽量保留原有分隔，特别是主受力结构，如确因使用功能需要调整分隔的，也在不影响全局的情况下做微调。同时对于一些影响建筑物风貌的加建部分予以整饬，还原历史建筑原来的风貌，做到修旧如旧。

由于原建筑物建成的年代较早，结构布置，特别是构造做法、构造措施等均不尽合理，为确保建筑物在不破坏原风貌的前提下满足使用功能的基本需要，满足受力及耐久性基本要求，因此，修缮补强应最大限度地满足《建筑抗震鉴定标准》的相关规定。

2. 修缮方法

海天堂构建筑群均位于一个院内，围墙外周边属于市政道路，无法对周边的道路环境进行整饬。原院落当中采用的水泥铺地已经破旧，不适合继续使用，更新采用广场砖环型图案铺砌。

对缺失部分的墙饰及浮雕装饰，遵循“缺失部分修补必须与整体部分和谐”的原则。在前期利用照相、测绘等多种技术手段对其原貌进行数字复原，仔细分析原墙饰及浮雕所采用的材料特性及构造原理，通过反复的实验和材料论证，尽可能地采用与原墙饰雕塑相同的材料，同时做好记录以便识别。

对损坏的门窗等木构件按原来的样式更换，新作的木构件做防白蚁处理。主楼的木构件维修完后，不论新旧，均需用砂布打磨，刮腻子，最后涂漆两遍。木构件的油漆颜色做法与原木构件一致。

3. 功能更新

中楼建筑原为居住用途，半地下室为储存用房；一层中部为厅，两侧为卧室，共计两间厅，四间卧室；二层中部为厅，两侧为卧室，共计一间厅，四间卧室。

更新后的中楼改一层、二层为鼓浪屿老建筑及富商名流展示馆，即“鼓浪屿名人堂”，展示的内容有两大主题：一是鼓浪屿租界文化，二是鼓浪屿富商名流文化。通过图片、旧时物品等展现鼓浪屿 209 栋重点历史风貌建筑及其背后的怀旧故事。重点展示当年租界内十大富商、十大建筑和 13 国领事馆文化及鼓浪屿本土名人及与鼓浪屿有关的近现代名人。（图 8－9 海天堂构展览馆）

图 8－9　海天堂构展览馆

配楼原功能布局为中厅边卧布局，在主楼外辅楼设有辅助功能房如厨房、餐厅等，现改为一个怀旧的南洋风情咖啡厅。主楼内一二层为咖啡厅，一层中厅改为钢琴演奏厅，二层中厅设吧台；原卧室部分改为咖啡屋；半地下室局部由储藏室改为卫生间，增设管道系统；辅楼内为咖啡厅厨房和西点加工等。

另一幢配楼原功能布局相同，现改为木偶戏馆、木偶展示厅。其中一层局部作木偶戏演出厅，演出布袋木偶戏。戏台后按照演出的需求设准备间、卫生间、化妆间等，部分后台功能设于半地下室中。一层的后侧及二层全部为木偶展厅。辅楼为售旅游纪念品的商店。

三、海天堂构保护与更新的启发

1. 政策支持

海天堂构保护与更新项目为鼓浪屿的老别墅的保护和更新设计增添了很好的实例。在海天堂构的保护和更新中，鼓浪屿历史风貌建筑保护委员会办公室推出了老别墅“认养”制度，使得该项目获得了充足的修缮资金，为许多急待修缮的历史建筑提供了政策上的借鉴。

2. 地域特色

在海天堂构的保护与更新中，业主在注入咖啡屋等现代商业元素时，同时注入了南音、木偶戏等闽南风俗文化，充分考虑了海天堂构所处的地域环境，突出地域个性，使得海天堂构在实际投入使用过程中的地域特色得以体现。

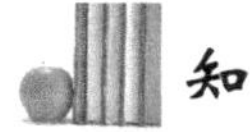

知识窗

古典家具

中国古人席地而坐，室内以床为主，地面铺席；再后来出现屏、几、案等家具，床既是卧具也是坐具，在此基础上又衍生出榻等。直到汉代，胡床才进入中原地区。到了南北朝时期，高型坐具陆续出现，垂足而坐开始流行。晚唐至五代，士大夫和名门望族以追求豪华奢侈的生活为时尚，《韩熙载夜宴图》向人们清晰地展示了五代时期家具的使用状况，其中有直背靠背椅、条案、屏风、床、榻、墩等，也向人们预示了明式家具前期形态，为中国古典家具史的最完美阶段打下了基础。

宋代以及辽、金时期，家具发展经历了一个高潮时期，高档家具系统已建立并完善起来，家具品种愈加丰富，式样愈加美观。比如桌类就可分为方桌、条桌、琴桌、饭桌、酒桌以及折叠桌，并按用途愈分愈细。宋代的椅子已经相当完善，后腿直接升上，搭脑出头收拢，整块的靠背板支撑人体向后依靠的力量。圈椅形制趋于完善，有圆靠背，以适应人体曲线。胡床改进后形成了交椅。几类家具发展出高几、矮几、固定几、直腿几、卷曲腿几等各种形式。宋代家具在总体风格上呈现出挺拔、秀丽的特点，装饰上承袭五代风格，趋于朴素、雅致，不作人为雕镂装饰，只取局部点缀以求其画龙点睛的效果。

所谓明式家具，是在继承宋元家具传统样式的基础上逐渐发展起来的，无论是造型、材料还是制作工艺，都是中国古典家具的最高水平。由明入清，以优质硬木为主要材料的日用居室家具日趋成熟。家具工艺技术和造型艺术上在乾隆后期达到了顶峰，片面追求华丽的装饰和精细的雕琢成为风气。

中国古典家具种类繁多、造型丰富，按功能可以分成：杌椅类、几案类、橱柜类、床榻类、台架类、屏座类以及家具附件。（图 8－10 中国古典家具）

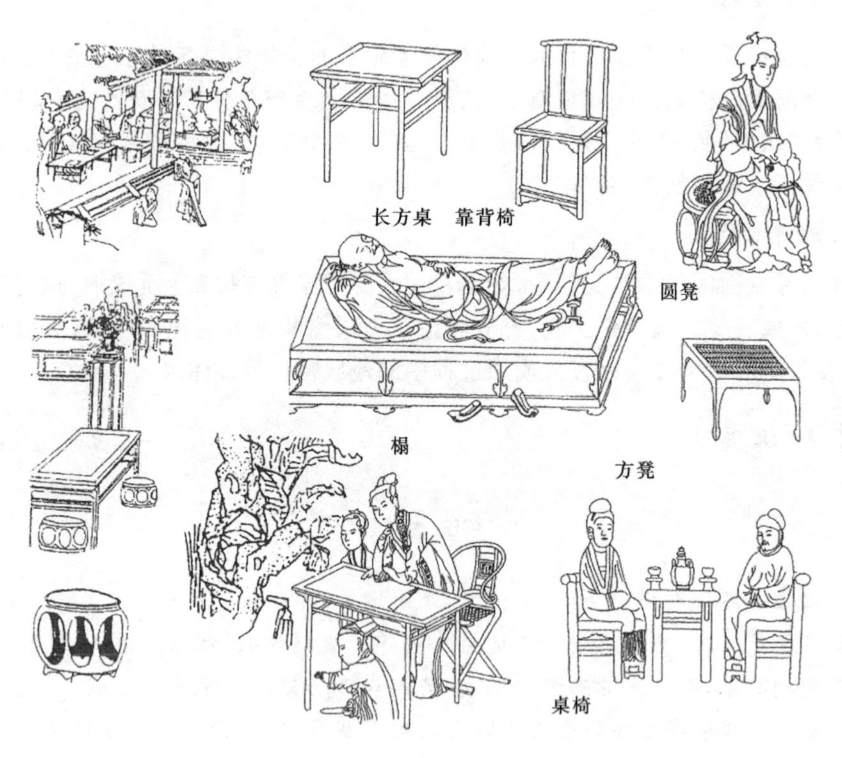

图 8－10　中国古典家具

古典家具的榫卯设计要求每块木料榫头卯眼不仅与家具的造型组合，而且在力学上还要保证每块木料的承受力。

家具装饰往往与造型相结合。利用各种直线、曲线的不同组合进行装饰是中国传统艺术中的重要手法，线型构件在家具的应用丰富多彩，S 形曲线的靠背板，满足了构造与功能上的需要，又有装饰作用。尤其是文人的参与，使线条这一因素的运用增添了更多人文特色。

古代匠师对于整个家具结构部件中显眼部位进行简单的美化加工，并与家具形体结合起来，达到画龙点睛的效果。

古典家具善于将不同木料的材质、色泽、纹理等转变成家具的装饰语言，装饰看似“简单”，但更接近“大自然”，有一种“草色遥看近却无”的韵味。

下篇　民族风情

第九章　四方街边

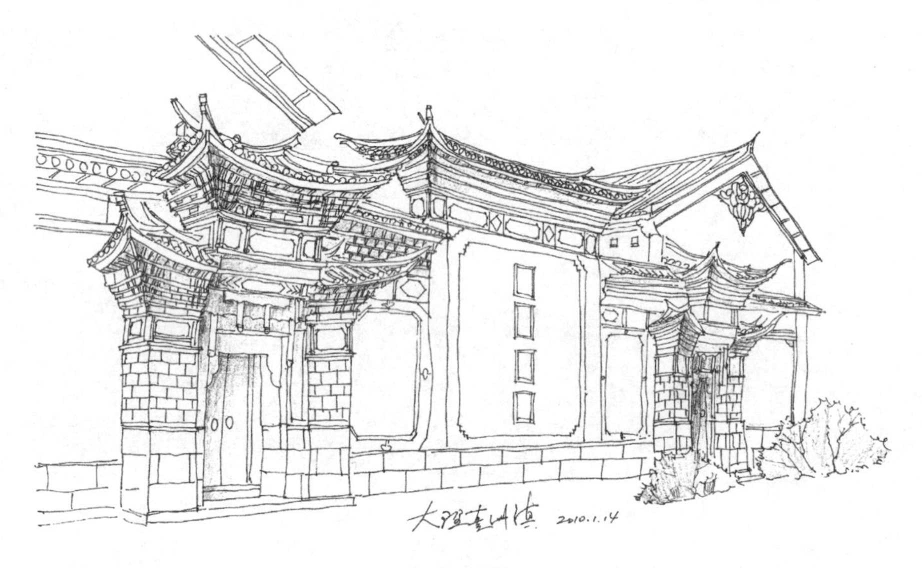

风花雪月

白族是居住在我国西南边疆一个少数民族，主要分布在云南省大理白族自治州，丽江、碧江、保山、南华、元江、昆明、安宁等地和贵州毕节、四川凉山、湖南桑植县等地亦有分布。白族先民在两汉史籍中被称为哀牢、昆(弥)明；三国两晋时称叟、爨；唐宋时称白蛮、河蛮、下方夷；元明时称为僰人、白人；明清以后称民家。白族的民族来源在学术界说法不一，有土著说、哀牢九隆族说、西爨白蛮说、氐羌族源说、汉人迁来说等，但白族共同体的形成，是在大理国时期。

白族人崇尚白色，大理等地区男子一般缠白色或蓝色包头，上穿白色对襟衣，外套黑领褂，下穿白色、蓝色长裤。洱海东部白族男子则外套麂皮领褂，或皮质、绸缎领褂，腰系绣花兜肚，下穿蓝色或黑色长裤。出门时，常背挂包，有的还佩挂长刀。大理女子服饰多用绣花布或彩色毛巾缠头，穿白上衣、红坎肩，或是浅蓝色上衣、外套黑丝绒领褂，右衬结纽处挂“三须”、“五须”银饰，腰系绣花短围腰，下穿蓝色宽裤，足蹬绣花鞋。已婚者挽髻，未婚者垂辫于后或盘辫于头，都缠以绣花、印花或彩色毛巾的包头。大理白族姑娘的头饰被称为“风花雪月”：垂下的穗子是下关的风；艳丽的花饰是上关的花，帽顶的洁白是苍山雪，弯弯的造型是洱海月。

白族人民在长期的历史发展过程中，创造了光辉灿烂的文化，其建筑、雕刻、绘画艺术名扬古今中外。唐代建筑的大理崇圣寺三塔，主塔高近六十米，分十六级，造作精巧，近似西安的小雁塔。剑川石宝山石窟，技术娴熟精巧，人像栩栩如生，既有中国石窟造像的共同点又有浓厚的民族风格，在中国石刻艺术史上占有很高的地位。寺院建筑斗拱重叠，屋角飞翘，门窗透雕花鸟，巧夺天工，经久不圮。

白族汉风民居

明代文人杨升庵曾用“山则苍龙叠翠，海则半月掩蓝”来赞誉大理坝子。大理白族村寨一般分布在湖滨、河谷等交通便利的平坝区。白族自古以来从事水稻为主的农业生产，注重居住条件是白族最传统的生活追求。白族住宅宽敞舒适，以家庭为单位自成院落，在功能上具有住宿、煮饭、祭祀祖先、接待客人、储备粮食、饲养牲畜等作用。白族民居建筑集北方民居建筑的深沉厚重和南方民居的洒脱秀丽于一身，无处不体现出天人合一，以人为本的思想。

一、白族传统民居与村落选址

白族人认为“宅以形式为身体，以泉水为血脉，以土地为皮肉，以草木为毛发，以舍屋为衣服，以门户为冠带。”因此，白族民居把自然界的崇山、秀水、树木、小溪、湖泊融入建筑、道路、桥梁，使民居建筑与大自然浑然一体。

白族民居与村落以负阴抱阳、背山面水为最佳选择，自然环境相对封闭，有利于形成良好的生态循环的小气候。背山屏挡寒风，面水迎来开阔视野，具有良好的日照，缓坡避免淹涝之灾。

古代白族“喜居陂陀”，陂陀是指从高山到平地的过渡地带。旧时人们居所的选址，往往山则依山建屋，坝则逐水而居。在苍山洱海地区，民居建筑选址西靠苍山，东面洱海，视野开朗辽阔。苍山脚下缓坡是一片冲积扇群，青石麻石建材资源丰富。建筑于苍山脚的白族民居就地取材，以石头为主要材料，营造质朴而石质感极强的“土库房”。屋基、墙面、过梁都是石头，再以石板铺筑道路、天井，房屋与周围的山岭融为一体，宛若天成。

白族人相信“正房要有靠山，才坐得起人家”，即正房后端要正对附近一个吉利的山峦。大理的山属横断山脉，走势为南北向。大理白族民居院落绝大多数正房朝向是坐西向东。坐西面东能背挡寒冷的西风，东迎和旭的阳光，最为有利。南北向高山的遮挡，使炎夏没有太阳西晒之虑。大理白族民居院落朝东的另一个重要原因是大理地区的主风向是南风或西南风，四季风向基本不变，风沿着山谷从南向北吹。大理民间流传歌谣说："大理有三宝，风吹不进屋是第一宝"。

二、白族传统民居类型

1. 土库房

从元代至明代中期，山区白族民居为古老的"井干式"建筑，白族称之为"垛木房"；在坝区则主要是"土库房"，即是基础起台，坡屋顶，四壁用木板围隔；山麓地区就地取材，用石木建筑形式，房屋四面用石块砌厚墙，前面开小窗和门洞，门洞上用条石作过梁，房屋层高比平房略高，内设矮楼层，称为"闷楼"。整幢房屋稳重、窗口小、重心低，具有一定的抗震性。（图 9－1 土库房立面）

图 9－1　土库房立面

由于"土库房"窗小、楼层低，公共活动空间小、通风采光差，白族人家吸收汉式合院式建筑和回廊式建筑的优点，对"土库房"进行了改造：

（1）改整条石过梁为木过梁，解决了石过梁长度对房屋面阔的制约；

（2）提高楼层高度，使房屋使用功能更合理；

（3）加大门窗尺寸，改善房屋采光条件；

（4）增设厦廊，保护木梁柱、门窗免受风雨的淋蚀，同时增加活动空间和室内外过渡空间。小厦的设置，加大了底层的面积，木柱之间通过梁和穿枋连接提高了房屋的抗震能力，住宅平面布局上逐渐形成了"三坊一照壁"、"四合五天井"、"六合同春"等多种平面布局和组合形式。

2. 合院民居

到了清代后期，白族民居已完全转变为以带厦廊为主的合院建筑形式，平面布局形式有一正一耳、一正两耳、两房一耳、三坊一照壁、四合五天井、六合同春等。其中“三坊一照壁”、“四合五天井”是白族民居院落基本的组合形式，一直延续至今。

(1)“一正一耳”是由一坊正房，一侧有一耳房(漏阁)组成的院落。两坊房屋并排相连，形成5间排房形式。耳房的进深要比正房浅，层高要比正房低，建筑群既有机地组合，又能从平面和立面上分出主次，富有变化和层次感。耳房一般两间，每间开间为3.8米，进深4.2米。同时用围墙围合一个宽约6米，与建筑等长的天井。正房所对的围墙建一照壁，形成一坊一照壁的院落。

(2)“一正两耳”是由一坊正房，两侧有耳房组成的院落。三坊房屋也是一字排列相连，形成7间排房形式，用围墙围合一个宽约6米，与建筑等长的天井，正房所对的围墙建为照壁，形成一坊两耳一照壁的院落。

(3)“三坊一照壁”布局形式中的“三坊”，是指一坊正房加上两侧的两坊厢房，共三坊房屋；“一照壁”指正房正对面的一堵装饰华丽的墙壁，与中间的天井组成的方形院落。一般正房较高，两侧厢房略低，主次分明，布局协调。正房的室内水平比厢房的室内水平一般都要高出15厘米。(图9-2 三坊一照壁)

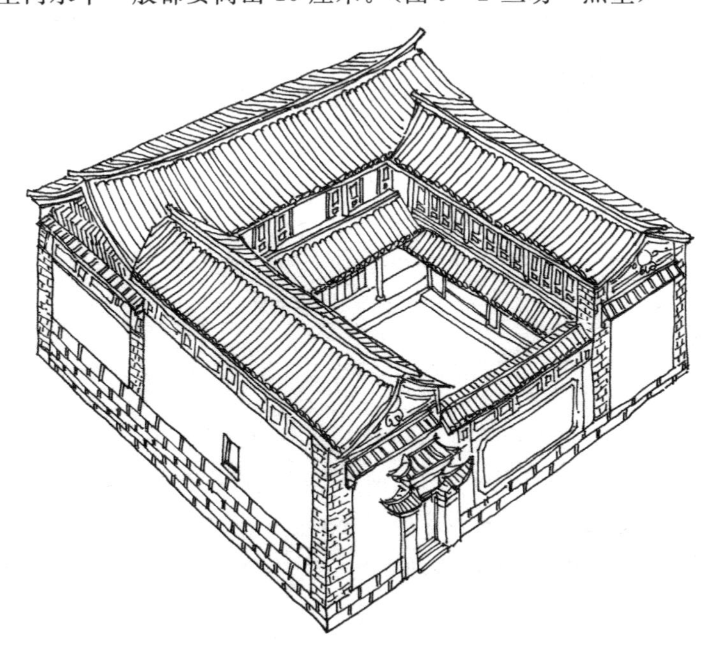

图9-2　三坊一照壁

在主房与厢房的交接处,转角小厦上设有一矮墙——马头墙,又称麻雀台。漏阁是"三坊一照壁"的重要组成要素,位于主房两侧,通常为两层,层高、开间、进深都比正房小,与厢房山墙之间有一空间,形成小天井。漏阁常作为厨房及杂物间使用。

(4)"四合五天井"是由四坊房屋围合而成的方形院落。院落四角有四坊耳房和四个小天井,中间为大天井,其布局实质上是"三坊一照壁"的改进,即在照壁的位置是一坊两耳,并形成两处漏阁天井,形成对称之势。内院为四周房屋所围合,四角共四个漏阁,加上内院,正好四合五天井。

四合五天井院落大门一般设于与正房相对的其中一个小天井处。各坊依西、北、南、东顺序区分主次;同坊之中,左侧为上。有些四坊房子楼道相互连通,不设小厦设木栏杆,可顺楼道绕四坊房屋走一圈,叫"走马转角楼"。(图 9-3 四合五天井)

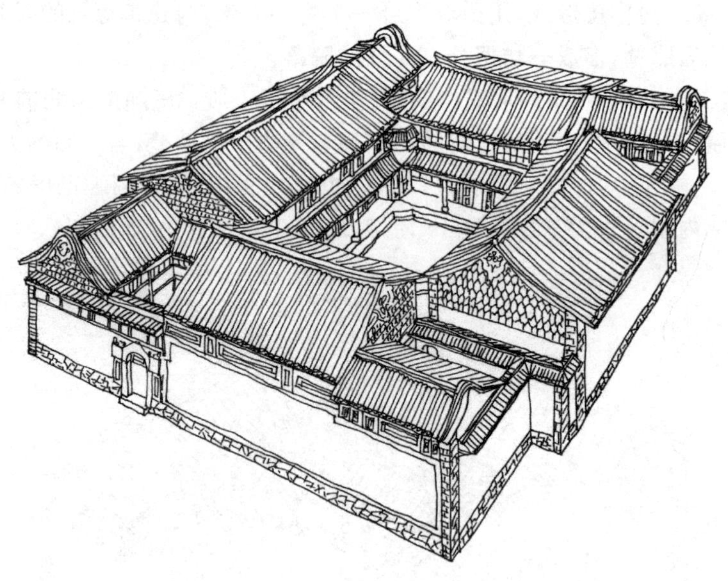

图 9-3 四合五天井

(5)"六合同春"是三坊一照壁与四合五天井的组合,即由一座门楼进入,被中间的过厅(中庭)分隔为两个天井,形成两个庭院。过厅对两个庭院开敞,内外空间流通,形成舒适惬意的共享空间。这种布局共有六坊房屋,为"六合"院,共有两个大天井四个小天井。(图 9-4 六合同春)

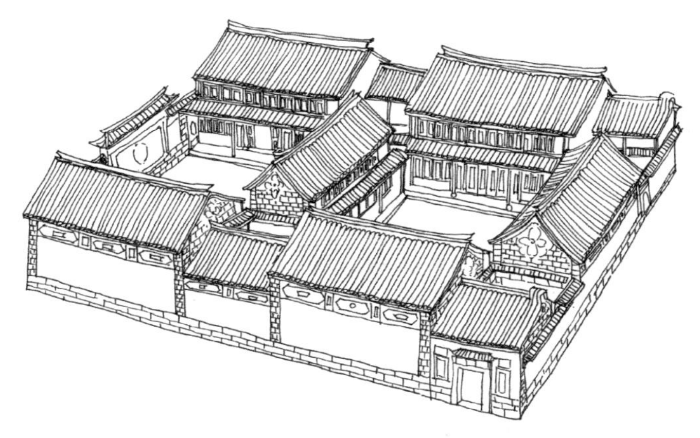

图 9-4　六合同春

3. 一颗印

在山地环境中的白族民居皆依地建造，不占好地良田，体量明显小于坝区，多采取“一颗印”建筑形式或小尺度的“三坊一照壁”，鲜有“四合五天井”院落。

“一颗印”住宅的主要特点是只有正房、厢房、大门和天井。大门正对主房，厢房列两侧，山墙与主房的厦廊交接处设楼梯，为主房和厢房共用，设有马头墙。由于楼梯间的遮挡，正房的两次间成为“暗间”。为解决两次间采光，明间一般不设门窗，通过堂屋侧向采光。堂屋与厦廊连为一片，增大了堂屋的活动空间，也解决了建筑体量小、公共活动空间窄的问题。（图 9-5　一颗印）

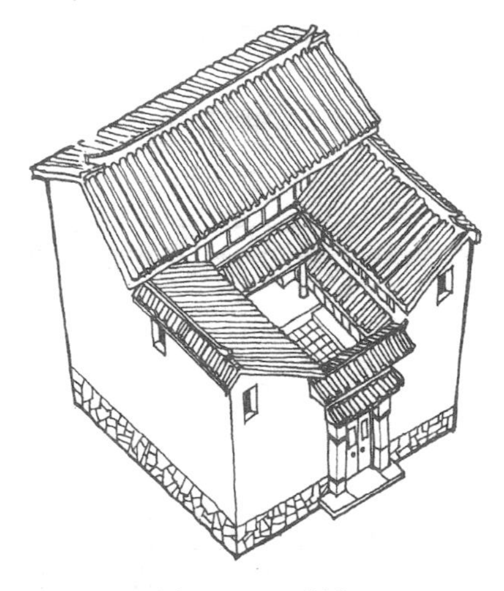

图 9-5　一颗印

“一颗印”建筑因地制宜，构筑成前低后高的台阶式错层建筑，使空间产生高低错落、层次分明，既均衡对称又富于变化的外观效果，还便于排水，减少了修筑时挖石填土之工。

三、白族民居建造

1. 功能划分

白族民居单体建筑普遍为三开间，其功能为：中间（明间）为堂屋，两次间为卧室。堂屋一般为三合六扇木雕镂空格子门，通过格子门的镂空窗采光。两间卧室或从堂屋两侧开门，或从厦廊开正门，或同时开正门和侧门，白天从正门出入，晚上从侧门出入，大多用美人窗单侧采光。（图 9－6 白族民居平面）

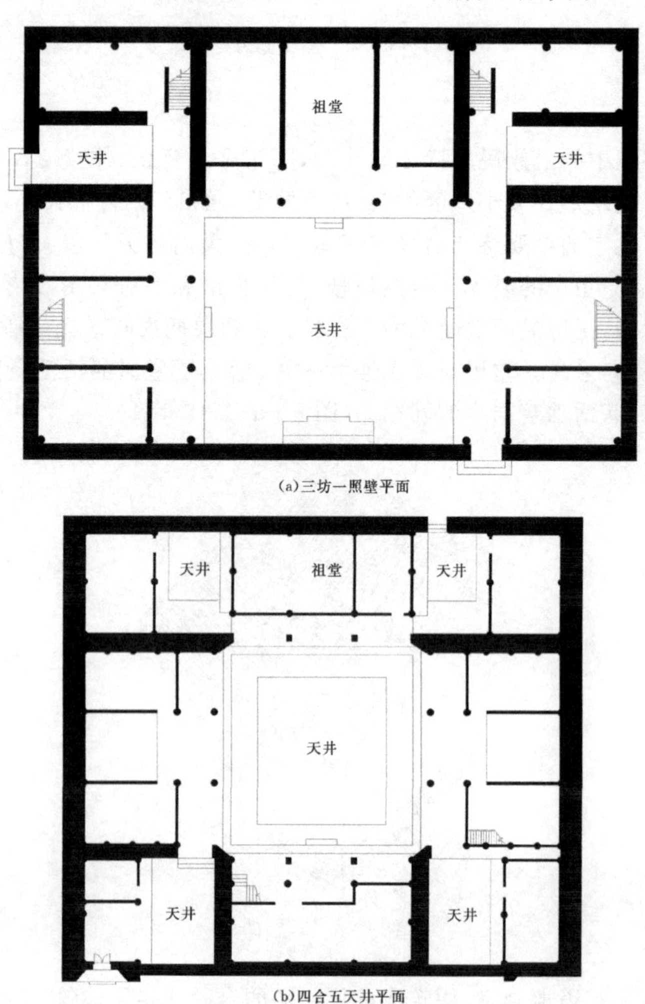

(a)三坊一照壁平面

(b)四合五天井平面

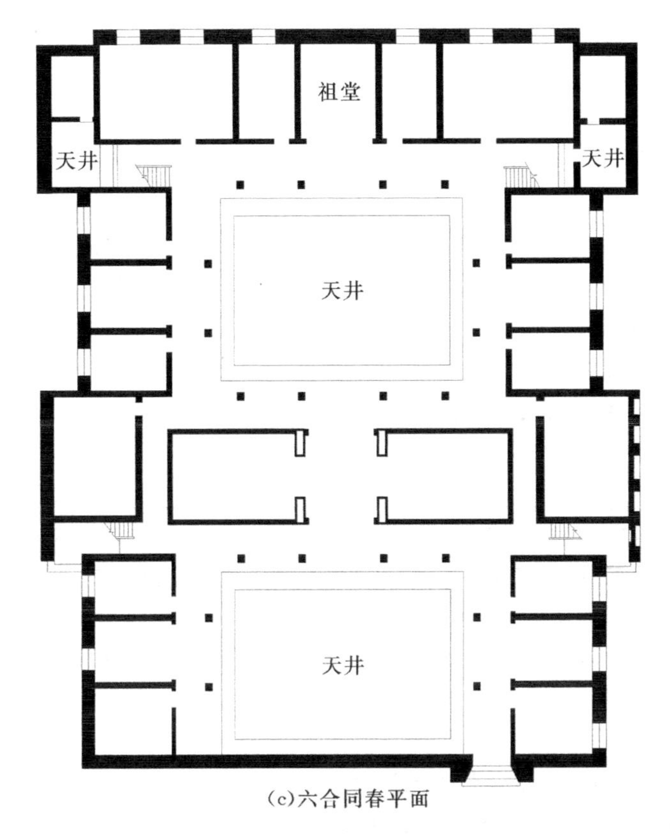

(c)六合同春平面

图 9-6　白族民居平面

中间堂屋相对高大、宽敞、明亮，正中悬挂中堂对联，摆设条案、八仙桌、太师椅、春凳，逢节遇事，撤去格子门与厦廊连为一体；堂屋开间一般为 4 米，两次间为 3.86 米，进深 6 米。出厦前檐柱至厦柱中距(廊深)1.67 米，厦柱到台阶边 0.73 米，是白族传统民居建筑的基本单元，称“一坊”。因此，白族民居单体建筑占地为长 12.72 米，宽 8.9 米，底层建筑面积 108.58 平方米。

白族民居院落天井宽大开朗，阳光充足，地面多以石板或卵石铺砌而成，是居住者日常生活、生产、办红白喜事和交际的活动场所，也是庭院绿化的场地。

白族民居楼上通常作为堆积物品和粮食的仓房，有时隔出一个次间作为老人卧室，正坊楼上中间后墙上做一宽大的壁龛，设神坛和祖堂。

家中如有几个兄弟，住房以西、北、南、东顺序来分。如两兄弟住一坊房屋，老大住左边一间，老二住右边一间。耳房主要做厨房，或按所在位置和使用需要分别做成门房、居室、厩房、厕所等。

2. 建造体系

白族民居常用的木构架形式有：三柱穿斗架式、四柱穿斗架式、五柱穿斗架式和六柱穿斗架式。

白族民居屋顶大多采用两面坡，一些进深浅的房屋有时也采用一面坡。白族民居的山墙、后墙一般不开设门窗，有的也仅开小窗，有利于保持墙体的整体性，增强抗震能力，也有利于防风避雨。墙体砌筑厚度不小于60厘米。基础上地面以上砌筑1米高的石墙，称“石脚”；上面支放一圈平整的条石，称“下腰线石”；砌到离地面3米处再支砌一圈平整条石，称“上腰线石”；在墙的四角从地面到1.5米处，一般都要支砌大块的方整石，称“蛇石”。

白族民居为硬山顶或悬山顶，山墙上部较高，是建筑主要视面，也是组成民居建筑外轮廓的重要部位，称为“山尖”。

硬山山尖形式有尖形、半圆形、马鞍形、半六边形。用土坯砌筑的山墙一般都贴封面砖（方形、六角形、长方形），或用板瓦或筒瓦叠砌各种几何图案，如蜂巢、水波、人字纹等，有的开设装饰性小窗，或采用绘画或泥塑装饰。

悬山顶山墙一般不封闭，或用木板封墙，以减轻墙体自重，有利于房屋抗震。为保护木板不受雨淋，屋面四周都大于墙壁，檩梁将山墙两端的屋面出挑，木结构暴露，在出挑屋面的两头，都钉上封头（裙板），当地称为“博风板”。在最上面的尖角处用了一块叫作“悬鱼”的垂直的小木板盖住拼缝。

白族有“房子有价门无价”的说法，大门是白族民居建筑的精华。根据其结构，大门分为有厦门楼和无厦门楼两类。有厦门楼是白族民居最常见形式，形同三间牌楼，包括了梁、枋、斗拱、挂落、博风、门簪及优美的屋面曲线等部分。工匠用大理石、花砖、青砖、木雕等共同组成斗拱重檐，精心制作的屋脊、墙脊也做成翘角，整个门楼似振翅欲飞。

檐廊是白族民居前檐柱到厦柱的半开敞性空间，一般1.67米宽，加上台边，总宽约2.4米。檐廊主要有两大功能：①遮风避雨：大理风大，漂雨亦深，若无廊道遮护前门、窗、板壁，则极易腐损。②户外活动空间：檐廊道不仅利于遮风避雨，而且常用来作家务活动以及休息。大理的白族民居的檐廊既是进入堂屋的前导空间，又串联各坊，方便生活，廊道可以摆得下一桌酒席，是白族民居最重要的组成部分。

围屏是檐廊两端的墙面，一般用青砖、花边砖砌出八角形、圆形、方形、扇形等不同形状的框档，然后在框内或用六角砖拼图案，或镶圆形高级大理石，或泥塑动物花鸟，或题写诗词，或丹青绘画。

照壁是白族民居建筑中极为重要的建筑形象，是白族民居除了大门外的又一装饰重点。照壁分独脚照壁和三叠水照壁两种。独脚照壁，又称一字平照壁，壁面等高，不分段，屋顶为庑殿式，装饰简朴，是围墙演变为照壁的最初形式。（图9-7 三叠水照壁）

图 9－7　三叠水照壁

三叠水照壁是白族民居建筑中比较成熟、比较典型、比较常用的一种照壁形式。它是将横长平直的壁面分为三段，中段较为高宽，两端稍为矮窄，其墙面依据分段做相应的装饰划分。照壁的宽度与院子的宽度相等，照壁墙厚 60 厘米。因为是两面观赏的墙体，双面支砌平整条石，高约 100 厘米，上皮再支砌一圈腰线石。腰线石以上用普通砖、花边砖、薄砖、筒瓦和板瓦结合土坯砌筑，做出柱面和不同类型的分空花格饰面，并在花格中进行彩绘或泥塑。一般照壁在檐口花空以上挑飞砖、飞瓦、飞檐石，起坡盖瓦，富庶人家则在檐口花空上面再用砖雕花板、观音合掌砖等形成砖饰斗拱，再挑飞砖、飞瓦、飞檐。中间部分檐口一般要求上翘 20 厘米左右，四角以大飞檐石起翘，墙面做成庑殿式四撇水瓦顶。照壁成型后，中间镶嵌高级彩花大理石，或题刻的汉白玉大理石。其他部分用纸筋灰细心粉饰，再由民间艺术画匠彩画。

四、白族民居装饰

白族民居建筑中的装饰，如彩绘、雕刻、塑造等，都是依附在建筑上存在的。白族民居装饰特点是“固本”、“适形”和“趋吉”。民居内外、上下、左右和前后随处可见不同部位的木雕、石雕、砖雕、泥塑、彩绘、书法等装饰。

1. 木雕

木雕是大理白族民居普遍采用的装饰手法之一，主要用于格子门、横披、板据、耍头、吊柱、走廊栏杆等部位。其中，格子门是白族民居建筑中木雕艺术最典型最普遍的地方。这些木雕艺术品多出于剑川木匠之手。

2. 石雕

木柱石础是白族传统民居中最常见的材料组合，石柱础是白族传统民居中最基本、最丰富和数量最多的石雕构件。白族民居石柱础造型异常丰富，有筒形、圆形、鼓形、瓜形、八边形、六边形等，充分考虑了构造需要。

3. 泥塑与彩绘

白族民居装饰通常泥塑与彩绘同时出现。彩绘以顶棚天花为代表，也包括部分房屋木构件。以泥塑塑出框档，形成扇形、圆形或方形等各种几何图形，中间彩绘，排列镶嵌于跑马转角台、后檐厦、束腰部分或者大门门楼两侧，画面多为花鸟鱼虫，山水人物，并题诗其上，十分雅观。后墙上端或山墙上，常有砖条镶出各种装饰或若干长方形平面，经粉白后，在中间画上山水花草、人物兽禽等图案，各幅独立成章，也有的是人物连环画，颇有故事情节。

喜洲

喜洲是云南省大理白族自治州境内的历史文化名村，现存有一批明、清及民国时期的民居建筑。喜洲村古老的街巷和传统的民居，反映了其社会政治、经济、文化心理传承沿续的痕迹，以及民族属性和地域特色，成为独具魅力的历史人文景观。

喜洲位于大理坝子(盆地)北部，西枕苍山如屏，东临洱海如镜。山海之间是西高东低约 80 平方千米的狭长平坝，南北长约 13 千米，东西宽约 6 千米。喜洲地势较大理略低，海拔 2096 米，周围地势平坦，土壤肥沃，区域地理环境良好。明代喜洲著名白族学者杨士云曾赞誉:“四时之气，常如初春；寒止于凉，暑止于温”。

一、喜洲空间形态

喜洲现今的整体空间与形态，特别是街巷空间格局是从明朝末年到民国时期漫长的历史演变中逐步形成的，其最繁华的核心枢纽空间是四方街。喜洲四方街形状呈不规整长方形，位于喜洲的中心，东西长约五十米，南北宽约二三十米，四角开口，放射出喜洲四条主要街道空间：市上街、富春里、市坪街、市户街，加上大界巷、彩云街、染衣巷一共七条主要街道。大小巷道之间纵横交错，街道两旁店铺林立，街道之后是民居建筑群。(图 9－8 喜洲镇平面)

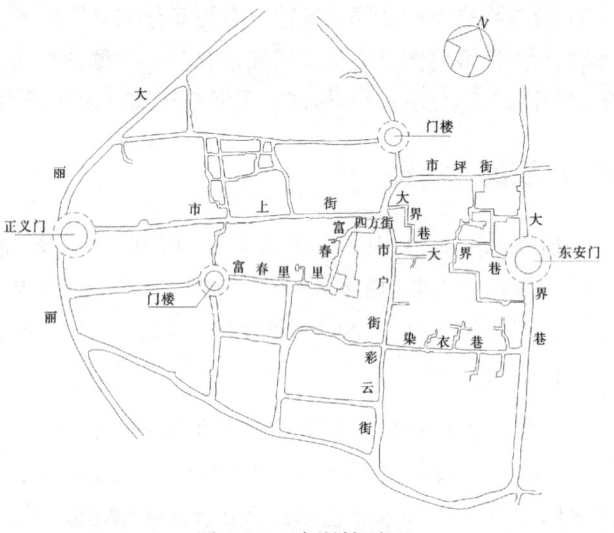

图 9－8 喜洲镇平面

四方街是云南滇西集镇特有的，兼具集市、贸易和交往等多种功能用途的城镇"中心广场"，其四面有相对围合的商业店铺，并以此为中心由四个角"发散出"构成集镇空间骨架的几条主要街巷空间。云南传统集市的发展，一般都经历从露天集市场地"草皮街"过渡到永久性的商业集市四方街阶段。四方街一经形成，就开始承担组织村镇其它部分街道空间的作用。喜洲四方街是各条街巷空间的起点，也是各条街巷空间的交汇终点，在喜洲民居建筑群体布局中处于中心位置。（图 9－9　喜洲镇四方街平面）

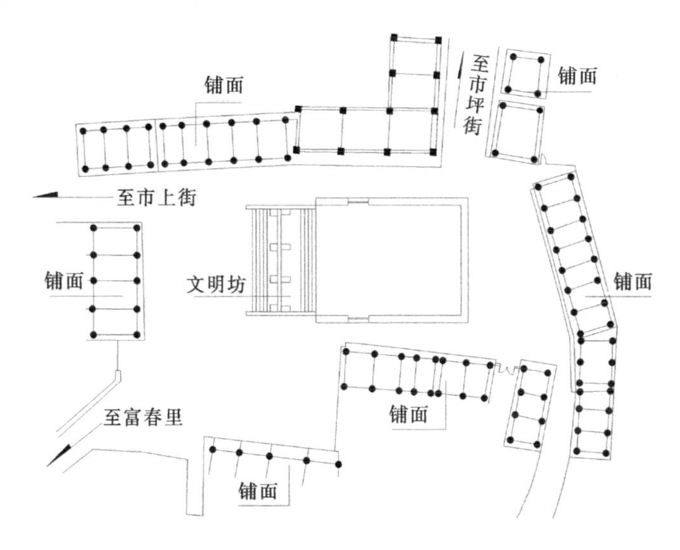

图 9－9　喜洲镇四方街平面

喜洲有保存较完好的一百一十余座白族民居建筑群，还有少数民居公共建筑，如紫云山寺、十皇殿、严家祠堂、财神殿等，共同构成喜洲村镇景观。

喜洲村现存白族民居建筑群均为明、清时期以及民国时期建筑，其中民国时期民居院落最多，有 68 座，约占六成多；清朝时期的民居院落有 40 余座，主要分布在市户街以东，靠近四方街一段的两侧以及染衣巷一带的巷道中；保存完好的明代民居只有两座，一座是位于喜洲大界巷 8 号的"七尺书楼"，是明朝著名文人杨士云于公元 1526 年前后所建，另一座明代建筑是位于喜洲市上街 30 号的张若畴民居，为明朝末年所建。

二、喜洲白族民居

喜洲白族传统民居既有大理地区白族民居的一般性特点，又有喜洲自身的地域特点。现在保存较完整的以“三坊一照壁”、“四合五天井”为基本单元的合院式民居就有110院之多。

1. 喜洲民居类型

喜洲明代土库房民居住屋在外观与造型方面，少彩绘，粗雕饰，以古朴见长，体量与面积较小(一坊房屋两层使用面积只有170平方米左右)。其普遍性的做法是：石脚采用“狗头青石”垒砌；瓦屋面使用板瓦和筒瓦，椽子上覆盖一层蔑笆编成的“房衣”(用于防盗)，再夯筑一层一尺左右厚的土，其上盖瓦；堂屋未用格子门装饰，整坊房屋用青砖封严，仅留房门、堂屋门，檐下走廊很窄；屋内用六边形砖铺地，用蔑笆作墙衣；院落窄小，用长条石铺地；土库房室内光线暗淡，但防火、防盗和保暖功能强。

清朝中后期，喜洲民居中开始出现“大出厦、宽走廊”的造型，出现“四柱落地”、“三柱落地”等形式，空间更加宽敞，一坊典型的两层楼房使用面积达到200平方米左右。院落布局上，“三坊一照壁”、“四合五天井”的标准形式形成并定型。

民国时期，高大宽敞的住宅形式以及一些中西合璧的住宅、洋楼、别墅等频繁出现。这一时期的民居在舒适、实用方面有很大提高，广泛采取大天井、大走廊、大地板等形式。选材用料也十分考究，木材选用楸、椿、楠、樟、松、杉、柏、秃杉等树种，以楸树为主；大门则讲究“一块玉”，石料选用优质的大理石、青石、海东石、花岗石等；一些近代建筑材料如石灰、水泥、钢材，青砖、青瓦、锌瓦等得到使用，甚至由外地进口法式水泥瓦等建材。

2. 喜洲村著名白族民居

(1)“七尺书楼”

杨士云的“七尺书楼”是明代建筑的代表。该楼位于喜洲大界巷8号，是明朝著名的文人杨士云(1477—1554)于公元1526年前后所建。杨士云40岁时中进士，曾任翰林庶士、工部给事中等职。

七尺书楼，主体建筑占地182平方米，坐东朝西，为单檐硬山顶二层三开间式，全系土木结构，三大间各有楼上楼下，12柱落地，抬梁式结构，门窗均雕刻各种图案，有直棱窗、梅花窗等。整座院子很窄，呈长方形，房子没有挂前厦，屋前有一个天井，约47平方米。天井中间有一眼小井，还有一堵照壁，照壁南北两侧各有一道月牙形小门。南边门顶木板上刻有“翰墨”两字，北边门顶木板上刻有“流香”二字。照壁和房子的土墙外面没有粉刷过，砌墙的石头也是一般普通杂石。

七尺书楼在清乾隆及民国年间曾进行过修缮，但整座房屋的建筑仍保存着明代建筑风格，是喜洲保存比较完好的明代建筑。

(2)张若畴民居

张若畴民居位于喜洲市上街30号,也是明朝末期的建筑。主房坐北朝南,呈倒座型,民居勒脚全部用大青石砖砌筑,明间门窗用木制花型。没有挂厦,内墙壁和房顶上曾镶有一层竹篾。西房是木结构的三间瓦房。房屋里面全用木板隔制。大门坐东朝西,开在西房的左边,西、南两坊楼上有串通。在西房屋顶中央,塑有石瓦制成的人形,称为“守房神”。

院落天井较小,房屋也比较矮。房屋的砖和瓦片既长又重,是当时明朝古老建筑的特征之一。这幢明代建筑的格子门、木柱、门窗中依稀可见当年的风韵。

(3)杨源大院

位于喜洲办事处染衣巷19号的杨源大院是喜洲现在保存下来的数十座倒座型民居中比较完整、较有代表性的建筑之一。这所民居是由土木石结构的四坊房子构成一个四合院。西方倒座型的为主房。除堂屋门用格子窗外,西边屋檐以下全用青砖砌成,墙中间留有木制窗口,青砖墙上画有黑墨小长方形线条,整齐一致。堂屋和房屋的地下全用六角青砖铺成,走廊上铺着青石板。瓦屋顶上先铺了一层竹篾衣,上面是泥土和石瓦,然后才盖青瓦。瓦片长一尺左右,有三斤重。天井呈长条形,石板也为长条形铺地。东、南、北方的房屋低矮、敦厚、严实。大门全为青石和土石木结构。大门一进去,全部都是用厚重的木板隔制,显得古色古香。

(4)严家大院

严家院位于喜洲镇办事处四方街富春里1号,由喜洲著名的民族资本家严子珍于1919年建造。严家大院占地面积达2475平方米,建筑面积为2000多平方米,一进四院,由两院“三坊一照壁”、两院“四合五天井”组成,四个院落之间自北而南纵向相通,以“六合同春”和“走马转角楼”连成一个整体,各坊分别呈一照两面,二层以吊厦、“走马转角楼”等形式形成环内廊。(图9-10　严子珍宅鸟瞰)

(5)杨品相宅

杨品相宅位于喜洲镇城北村西大道南侧,1947年建成。杨家大院占地面积近1841平方米,建筑面积1621平方米。院落为白族典型“三坊一照壁”院落,分南北两院,每坊为三开间楼房,各坊通过走廊相通,外墙、内墙、望板、照壁、门楼均有彩画装饰。照壁匀称精

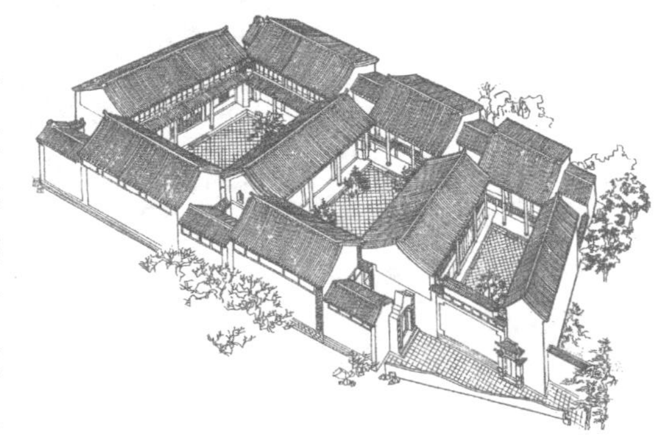

图9-10　严子珍宅鸟瞰

美,大门精雕细刻,院内配有石板夹卵石的拼花地面。(图 9－11 杨品相宅鸟瞰)

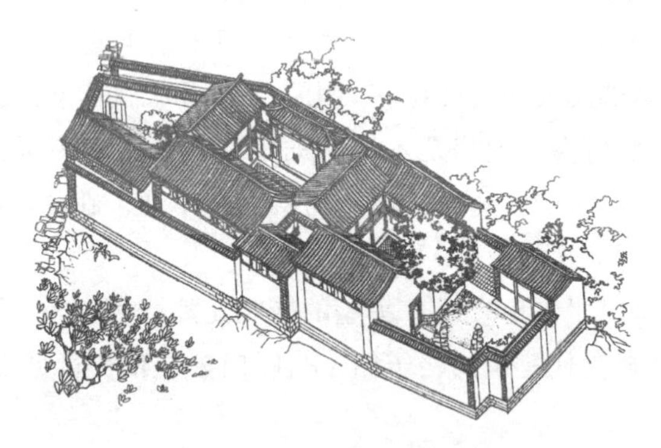

图 9－11 杨品相宅鸟瞰

1938 年,在院落的东南角还建造了一幢完全采用现代建筑形式的西式别墅洋房,砖墙开顶,有地下室、阳台、落地玻璃窗,四周植有花木,环境清幽。

(6)董家院

董家院位于喜洲办事处市坪街,由喜洲著名民族资本家董澄农所建。董家大院占地 6742 平方米,建筑面积约 3814 平方米。主建筑为东向的两组建筑群,第一组为 1940 年建造的典型的白族"三坊一照壁"、"四合五天井"两院,楼上楼下均有回廊串联各个房间,门楼采用白族传统的飞檐串角式三滴水形式,照壁嵌有天然大理石精品图画。第二组建筑位于西侧,是一幢建于 1942 年的法国式别墅洋房,因抗战时期著名抗日将领宋希濂和一些高级将领居住过而称为"将军楼"。庭院周围有草地、树木,并配有车库、发电厂。(图 9－12 董澄农宅鸟瞰)

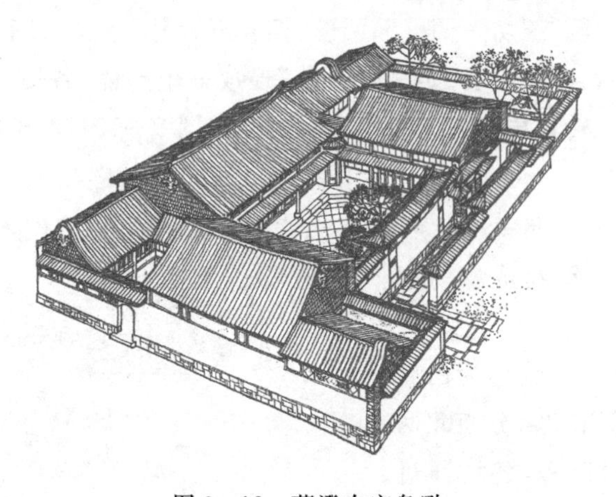

图 9－12 董澄农宅鸟瞰

第十章　干栏住屋

百　越

百越是中国古代南方越人的总称。在中国历史上，整个广大的江南之地，即所谓“交趾至会稽七八千里”，在秦汉以前都是百越族的居住地。秦汉时，相关史籍泛称中国南方的民族为“越族”。汉朝初期，百越族已经逐渐形成几个较强盛而明显的部分，即东瓯、闽越、南越、西瓯以及骆越。现居住在中国南方属于壮侗语系和苗瑶语系的各个少数民族，不论是在语言上，或者是在文化习俗上，都与古代的百越族有一定程度的渊源关系。

历史学家普遍认为，侗族源于秦、汉时期在今广东、广西一带聚居，统称“骆越”的部族。魏晋以后，这些部族又被泛称为“僚”。现在侗族的分布和属于“百越”系统的壮、水、毛南等民族的住地相邻，语言同属壮侗语系，风俗习惯也有很多相似之处。

侗族擅长建筑。结构精巧、形式多样的侗寨鼓楼、风雨桥等建筑艺术具有代表性。在贵州、广西的侗乡，有许多鼓楼和风雨桥，桥上建有廊和亭，既可行人，又可避风雨。这些兴建于汉末至唐代的古建筑，结构严谨，造型独特，极富民族气质。整座建筑不用一钉一铆和其它铁件，皆以质地耐力的杉木凿榫衔接，石墩上各筑有宝塔形和宫殿形的桥亭，逶迤交错，气势雄浑。

壮族主要分布在广西、云南、广东和贵州等省区，与百越中的西瓯、骆越一脉相承。居住在边远山区的壮族，其村落房舍则多数是土木结构的瓦房或草房，有半干栏式和全地居式两种。壮族干栏多为两层，一般为 3 开间或 5 开间，下层为木楼柱脚，木板镶拼为墙，可作畜厩，或堆放农具、柴禾、杂物，上层住人。干栏依山傍水，面向田野。一个寨子一个群落，有些村寨，家家相通，连成一体，就像一个大家庭。

干栏民居

“干栏”也作“干阑”，最早见于魏晋时代的汉文古籍，如《北史·蛮獠传》中“依树积木，以居其上，名曰干阑。干阑大小，随其家口之数”，以及《新唐书·南蛮传》中“人楼居梯而上，名为干栏”的记载。

干栏式民居流行于古代南方百越民族的居住区，这种建筑以竹木为主要建筑材料，主要是两层建筑，下层放养动物和堆放杂物，上层住人。因为这种建筑适合于雨水多、比较潮湿的地方，现在主要流行于壮族、苗族、侗族等居住得比较偏远的地区，包括广西中西部、云南东南部、贵州西南部和越南北部。其他民族也有干栏住屋。

一、干栏民居发展史

干栏建筑产生的因素很多，台湾学者林会承先生这样表述：“长江沿岸和其支流附近的洪水泛滥；太湖水域的陆沉导致土地沼化；满布杂草，丛林的南华地区，地面不易清理，同时难以防御虫蛇、猛兽；炎热多雨的天气，使山谷产生瘴气，同时大部分的土地潮湿，不适于居住；地形过于起伏变化，平坦地区比例过小，不利于营建；湖泊、池沼过多，使群居不方便，而在水中或沼泽中的住屋，可防止敌人、猛兽的侵扰等等，都是原因之一。最重要的前提是，这些地区有丰富的林木”。

刘敦祯先生的《中国古代建筑史》中的讲述是“居住于广西、贵州、云南、海南岛、台湾岛等处亚热带地区的少数兄弟民族，因气候炎热，而且潮湿、多雨，为了通风、采光和防盗、防兽，使用下部架空的干阑式构造的住宅。”从以上这些文字的表述中我们不难清楚地认识到，干栏建筑是人们主动创造和选择的，是良好适应环境的居住建筑类型。

王振复先生将中国原始巢居建筑的进化过程分为以下四个发展阶段：即单株树巢，多株树巢，干栏式巢居，穿斗式结构地面建筑的最终结构形式。（图 10－1 干栏演变序列）

《贵州通志·土民志》谓，花苗“架木如鸟巢寝处”，大概是原始人类最早的居住形式；当有限的客观条件已经不能满足人们的需要时，如缺少理想的天然树木的场合，人们采用了在地上埋设木桩的方法来代替天然树木支撑巢居的底座，这时的巢居就发生了性质上的变化，成为“栅居”；到青铜时代，由于金属工具的使用，木构技

图 10－1　干栏演变序列

术长足进步，干栏形制发展已基本成熟。

发展成熟的干栏民居在结构上是以贯通上下的长柱取代栅居的下层短柱，使房屋上下成一整体框架。由于在水平方向上都有穿枋互相联系，具有很好的整体性，抗震效果好，加之对多种地形条件都能适应，可以大大减少工程土方量，节约人力财力，施工进度自然也随之加快，是一种十分经济实用的建筑方式。

二、干栏民居建筑类型

1. 侗族干栏

侗族干栏民居分为高脚楼、吊脚楼、矮脚楼和平地楼几种形式。高脚楼即是全干栏形式，以黎平、榕江、从江等地山区的民房为代表。有二至四层楼不等，楼高三至四丈。第一层较为潮湿，是堆放农具、柴火、安置舂米和关养家畜、家禽的场所。第二层以上颇干爽，是住人的楼层，第二层设有火塘，是待人接客和全家人活动的中心，房屋多为三开间，两边搭有偏厦，呈四面流水。外间是长廊，设长凳，是全家人休息及妇女纺纱织布做针线的场所。另一端是待客的客房，中间是堂屋，堂屋中央设置有神龛，内间为火塘。第三、四层还分作挂禾把、存放谷物的仓库，以及晾晒衣物之处。顶棚层为堆放杂物之处。（图 10－2　侗族全干栏功能布局）

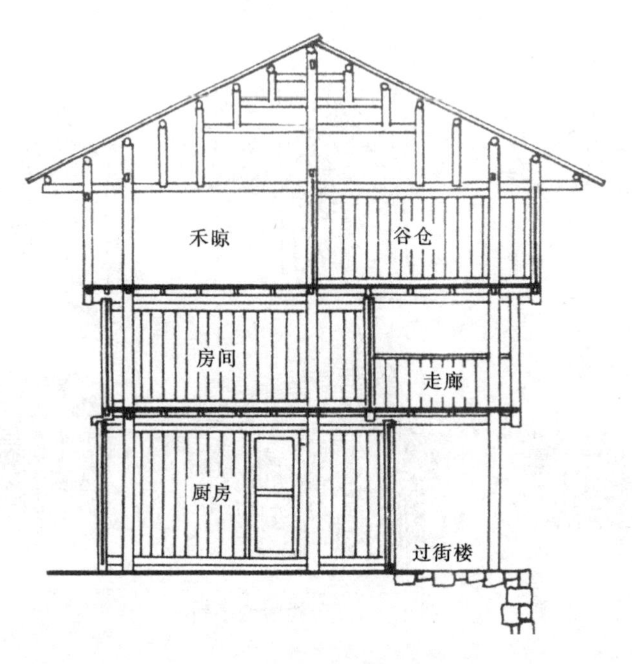

图 10-2　侗族全干栏功能布局

吊脚楼是半干栏形式，与苗族大体相同。为适应山区的需要，吊脚楼建在斜坡上，后部与坡坎相接，前部用木栏架空，或接廊柱，像是吊着一根根柱子。"吊脚楼"前半部是架空的楼房，后半部是接地的平房。有的人家为进出方便，大门开在后面，或利用偏厦修围廊以通前廊，无须楼梯上下。

矮脚楼也是干栏式建筑的一种变体。这种楼一般为四排五柱，楼高二层，一楼有堂屋、火塘和卧室，二楼为仓库和客房。一楼的两端另配以偏厦，一端偏厦设在楼上，另一端偏厦设灶房，畜舍另建。

侗族房屋因地制宜，合理地利用空间，架空的底层根据不同的使用要求可以畅通，可以隔断，外壁可以封闭，可以开敞，空间分隔十分灵活。楼梯多布置在单元侧向端部偏厦开间内，入口位置设在山墙面，梯段多采用单跑的形式。

宽廊是侗族民居的重要空间，它一端与楼梯相连，一侧与廊道平行布置的各小家庭的火塘间、卧室等使用空间相通，具有社交和串连各室内空间的多种功能。(图 10-3　侗族民居平面)

火塘间在传统的侗族民居中占相当重要的地位，是侗族家庭议事、聚会、炊事的场所，是侗族家庭的日常活动中心，设于室内空间的中心位置。随着侗族生活方式的渐变和文明程度的提高，现炊事用火逐渐被灶房所替代，然而传统的火塘作为

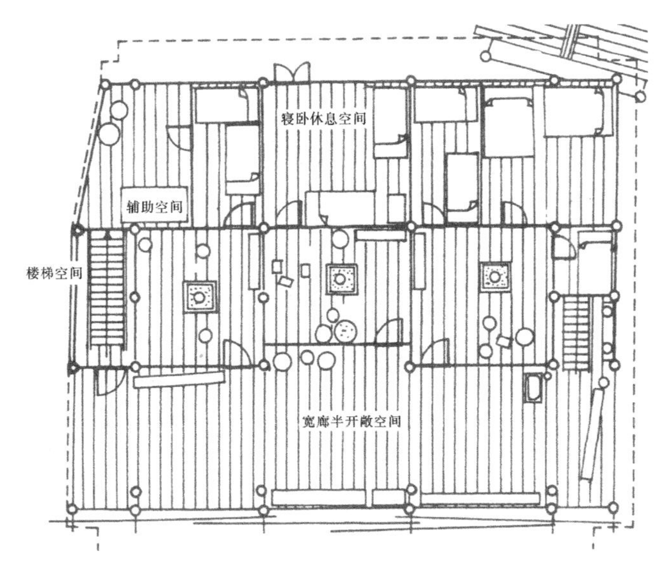

图 10－3　侗族民居平面

侗族民居文化的一种象征性要素，依然保留在侗族民居中。

2. 苗族干栏

苗族干栏俗称吊脚楼，盛行于贵州黔东南，黔南地区。可分为建筑于平地的吊脚楼和建筑在斜坡上的吊脚楼。建在斜坡上的吊脚楼也称“半边楼”，为苗族干栏的典型特征，是半干栏形式。

平地吊脚楼的落地柱居里，吊脚柱居外，即通过落地柱的外柱撑枋挑手，连接吊脚柱于二楼去争抢空间，构成主楼二楼四周回旋式的转角吊脚栅栏结构形式，亦称走马转角吊脚楼，或称转檐吊脚楼。

由于平地吊脚楼四周屋檐都挑出了栏杆以外去遮阳挡雨，一般不设附属建筑物。落地层比较低矮，除了主楼柱外，还设有撑垫二楼的粗短柱，以便承担楼上负荷的压力，所以此层楼的柱子比较密集粗实。开间不甚讲究，各开间分别用作就餐室、烤火室、厨房、禽舍、存放农具，以及堆放柴草杂物等。二楼通过主楼外栅栏内的宽层楼梯到达，主要为居住空间。粮食也存放于二楼的某一开间里，尤其讲究存放于厨房间的楼上开间里，以保持粮食的干燥。三楼比较低矮，一般除开一织布间外，其余都是大空间，铺薄板，防止尘土下落。

在斜坡建筑吊脚楼费工少，建筑效率高。建房前，先用石块于选定的斜坡地上砌一层牢实的保坎，然后在距保坎有一定高度的斜坡上，纵深挖出土方，用挖出的土方将保坎的内里填满压实，使之与保坎形成一块宽平地，筑成修建吊脚楼的下一级地基。然后将纵深挖出的土方空地，修整成为修建吊脚楼的上一级地基。建房时，视下一级地基的面积宽度而定。如果下一级地基较宽，即将上一级地基的垫地纵穿枋伸出过其空间，与落地于下一级地基外沿的外柱相连，并用短柱撑住其伸出于下一级地基的穿枋空挡部分，加强垫地穿枋的负荷力。然后再通过外柱的挑手挑以吊脚柱，挑出屋外去争抢空间，扩大空间的使用率。如果下一级地基的面积较窄，即将两边房架的外柱，直竖于下一级地基的外沿上，其他排柱的外柱即充当吊脚楼的楼柱。（图 10－4 苗族吊脚楼构造）

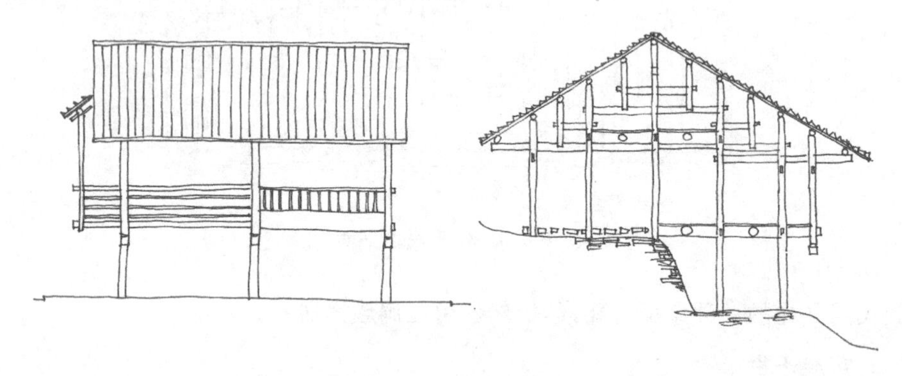

图 10－4 苗族吊脚楼构造

除了主楼以外，斜坡吊脚楼还设有厢房、偏厦等附属建筑。厢房、偏厦都低于主楼。附属建筑主要起保护主楼外的壁面免受日晒雨淋的作用，其次是为了增强主楼侧面的稳定性。厢房一般设于主楼左右两侧，多分为上下两层楼，有平房，也有平地吊脚楼形式。厢房的上层设置客房，或辅作儿女之卧室，或作绣花房、织布房、书房等。下层或作马厩、牛圈和禽圈，或堆放柴草、杂物等。偏厦设于正房的左右两侧，多用作厨房、磨房等。

斜坡吊脚楼一般不将生活层完全架离地面，而是将生活层中很重要的一半，如火塘、厨房和储藏间安置于夯土面上，只将卧室安置于架高的木板上。可以说是干栏民居由楼居向地居发展的一种过渡形态。（图 10－5 苗族吊脚楼平面）

苗族村寨之所以有采用斜坡吊脚楼的做法，是由苗族村寨择居的地形所决定。由于历史上苗族受到民族压迫，对外族有很强的戒备心和排外心理，所以他们选择村寨的地址时，大部分都是依山凭高、依山林择险。斜坡吊脚楼正好利用了山区陡坎陡坡的复杂地形，最大限度地争取到使用空间，创造出柱脚下吊，廊台上挑，屋宇重叠，因险凭高的建筑形式。

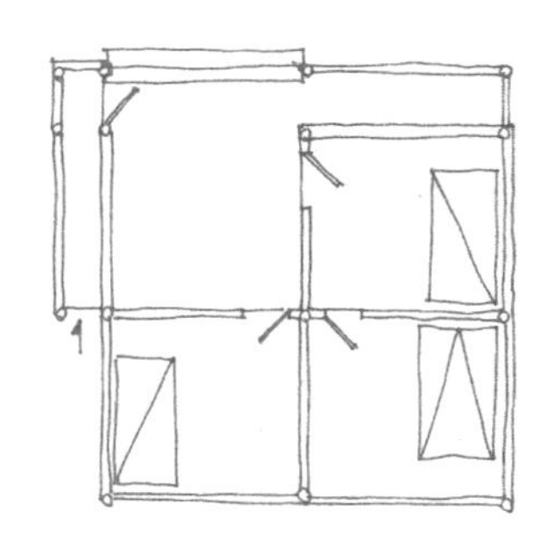
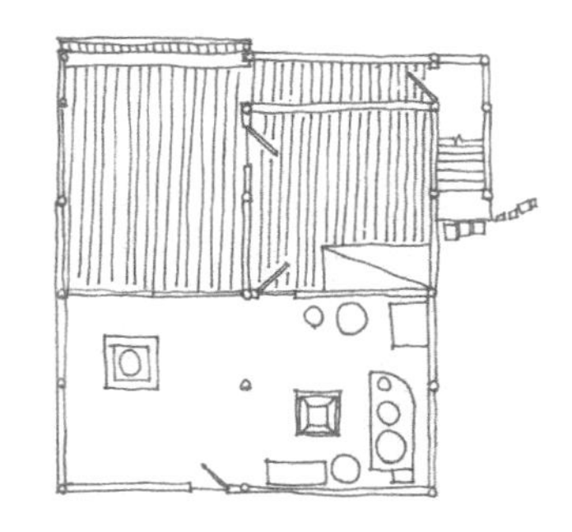

图 10－5　苗族吊脚楼平面

无论是平地吊脚楼还是斜坡吊脚楼，苗族民居都在大门前的栅栏廊部分装设一张长条木靠背椅，作成一尺多高成 45°角的斜靠，称为美人靠，也叫做女儿靠。它面向大门，供家人休息或亲友宾客歇坐。

三、干栏民居的建造

1. 结构体系

干栏式建筑的结构体系可分为支撑框架体系和整体框架体系两大类。支撑框架体系是指底层架空部分的桩或柱等下部支撑结构和上部住宅组成交合的结构形式；整体框架体系是将干栏式建筑的下部支撑结构和上部庇护结构上下串通形成整体结构形式。

侗族民居中较常见的结构体系是上下串通的穿斗式整体框架木构体系，侗族称“整柱建竖”。穿斗式结构原则上用枋穿柱，以柱承檩，斗成房架，基本上是用一根横梁将边柱及中柱串连起来，纵向再以枋连系，构成框架。这种体系整体性好，墙倒屋不塌，有良好的抗震性能，而且适合于房屋的面宽、进深、高度的变化，为房屋内部空间的自由划分和体型的变化创造了良好的条件。

2. 屋顶形式

干栏民居主要采用悬山顶与歇山顶。苗族多喜用歇山顶或悬山顶，或二者的组合式，以小青瓦、杉树皮或茅草覆盖，屋坡平缓舒展，山面曲线柔和流畅，出檐深远轻快，加上穿斗构架的举折、落腰等构造做法，使整个屋顶更显洒脱自然，成为建筑形象极富表现力的部分。有一种二迭式歇山，即悬山加周围檐的做法，保留了传自汉代的早期歇山顶的古老式样。（图 10－6　朗德苗寨）

图 10－6　朗德苗寨

侗族屋顶以悬山顶为主。山墙增设挡雨披檐，四周加设腰檐，以弥补悬山的不足。腰檐是从横梁下挑出悬臂，上置擦角盖瓦形成披檐。腰檐、披檐对保护梁枕、梁柱、节点和其他构件不被腐蚀，以及民居的遮阳降温起到良好的作用。从外观上看使整座建筑高低错落，富于变化。（图 10－7　肇兴侗寨）

图 10－7　肇兴侗寨

3. 建筑装饰

干栏民居基于经济实用的观点，结合功能构件在重点部位进行适当的艺术加工，简洁大方，朴实纯厚。具体表现在门、窗、栏杆、瓜柱等处的装饰造型和图案处理上。

(1)门

常见的门分为实拼门、框档门与隔扇门三种。实拼门，用木板材拼成，后面加装龙骨，坚固耐用，可做成单扇、双扇。因其质地坚固，防御性强，一般用做宅院的大门、后门及侧门等。有些民居在宅院大门外加一层腰门。腰门为实木板门，高约0.9米，其上部通常有镂空图案。

(2)窗

窗的形式可分为直棂窗、平开窗、花窗等。直棂窗一般用在山区以砖石结构为墙体的住宅，其外形和构造都很简单，一般以两根横料和几根木楞拼成，大小约1米见方，无任何修饰，由上下两横料固定于墙上，不能开启。平开窗一般用在吊脚楼或转角楼的檐廊下，多为两扇，做法较细致。花窗外形美观，构造较复杂。固定于墙上，一般不开启，有平纹、斜纹、水裂纹或井字形图案。

傣家竹楼

西双版纳位于我国云南的南端，与老挝、缅甸山水相连，土地面积近2万平方千米，澜沧江纵贯南北，出境后称湄公河，流经缅、老、泰、柬、越5国后汇入太平洋，称为“东方多瑙河”。“西双版纳”这个名称始于明朝穆宗隆庆四年(公元1570年)，但公元前二世纪的汉文史籍中，已经有关于傣族先民的记载。

西双版纳聚居着傣、哈尼、拉祜、布朗、基诺等13个少数民族，其中傣族是西双版纳人口最多的少数民族。傣族精巧的竹楼，优美的孔雀舞，傣族少女精美的服饰、秀丽的容姿，是西双版纳最迷人的景致。

一、西双版纳傣族聚落特征

西双版纳傣族聚落一般都选址于依山傍水的平坝上，由寨心向外发散成为不规则的圆弧形。寨心是一块平整的空地，其上放置红色石头或者种植巨大的乔木，是村寨的灵魂所在。村内的内重大事务处理都会在寨心处进行。由于人流聚会，寨心周围一般为市场。(图10－8　傣族村寨)

图10－8　傣族村寨

小乘佛教传入之后，村寨多会设一个佛寺，寺前的广场也是人们交流和聚集的主要场所。

傣族聚落的边界一般会设置四道寨门，寨内的道路比较狭窄，主要道路分别联系东、南、西、北四个方位与中央，次要道路则呈“井”字形排列，房屋的布置比较紧凑。

1. 自然因素对傣族传统聚落的影响

山势和地形对傣族聚落空间规模的发展具有重要的影响。西双版纳地区山地地形占绝大多数，聚落选址的时候，往往会选择河谷，平坝地段，因为这里相对于山地更容易进行播种、耕作、放牧等活动，也利于聚落发展和成长。聚落的发展的方向也顺应山势，民居屋脊的摆放顺等高线的走向，并且向坡度较小的地形延伸。西双版纳地区河谷和平坝往往都是由河流所冲积形成，傣族聚落一般都背山面水，沿水发展。

自然气候和环境则对傣族聚落的单元形态有直观影响，干栏式竹楼正是对当地的湿热气候的一个积极地应对。

2. 聚落空间节点

西双版纳傣族传统聚落建立时进行的最重要两件事情是确定寨心和设置寨门。寨门限定了聚落形态，寨心则是聚落的灵魂所在。

西双版纳傣族认为，“村寨犹如一个人的身体，身体的心脏有一种灵魂叫做‘宰曼’，就生活在村落的中央部位”。因此寨心区别于其他的普通场所，成为傣族聚落人民的心灵寄托。傣族人民常用木桩或者巨石放于寨心位置，或者在寨心位置用竹子搭成高四尺的小台子作为“宰曼”，每年不定期地对其进行祭祀，以祈求吉祥。寨中的事宜，例如当聚落中人员要迁入或者迁出，婚丧、病患、头人的改选、新房修建等，都要祭拜寨心的“宰曼”。

寨心的空地也是傣族聚落进行文化交流、商业贸易交换等活动的经济文化中心。传统的傣族寨门构造十分简单，仅仅是由两根相对粗壮的竹材或者木材来架起一根竹或者木制的门梁，高度大约八米。四个寨门分别位于寨心东、南、西、北四个方向。每年定期对寨门进行修补，在修补过程中，沿着四个寨门在聚落的周边拉起草绳来做围合之用，作为象征性的寨墙。（图 10-9 傣族村寨结构 陆元鼎）

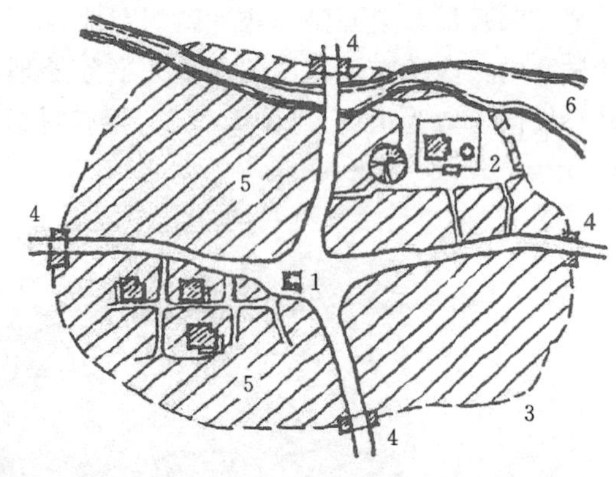

图 10-9 傣族村寨结构 陆元鼎

1. 寨心 2. 佛寺 3. 边界 4. 寨门 5. 民居 6. 河溪

水在傣族聚落中的意义不仅代表了祝福，而且代表了纯净的灵魂世界。傣族聚落中的水井与其他少数民族聚落中的水井不同，水井上会安置一个造型独特的"井罩"，井罩一般为正方形或者圆形，形态像一座缩小的佛塔，一般分为底座、门洞和上部塔顶三部分。井罩的周边绘有傣族人喜爱和崇敬的大象、孔雀等作为装饰，塔尖会挂起银铃，清风拂过，叮当作响，十分悦耳。塔上有很多小镜子，作用是驱赶飞鸟走兽，以保证水质的清洁和反射阳光增加美感。

二、傣家竹楼建筑特征

1. 傣家竹楼结构

竹楼屋顶多为歇山，坡度比较陡，屋檐出挑很深且多为重檐，外形轮廓的变化比较丰富。整个竹楼的形态非常的轻盈，正如一只展翅欲飞的凤凰。这也是傣语称其为"凤凰房"的意义所在。

竹楼属于框架结构，从底层开始由柱子和梁来承担上部二层空间和屋顶的荷载。柱子为竹制或者木制，一般底层会有 40 至 50 根柱子，大者 80 根，柱距在 1.5 米至 1.6 米之间，一般分成 5 至 6 排，在柱子底部会用不同材料做柱础，一般为石材。竹楼的楼层一般高 120～190 厘米，底层高 180～250 厘米。目前傣族民居已经用木柱代替竹。木梁柱用榫连接，但做工粗糙，房屋容易歪斜，须以牵绳矫正。二层楼板多为木制，在楼板上预留孔洞，这样柱子可以直接穿过楼板，与屋顶相连接。梁和柱子之间为榫卯连接。屋面材料多为茅草或缅瓦。缅瓦挂于檩条上，在屋内很容易拆卸和更换。（图 10－10 傣族竹楼构架）

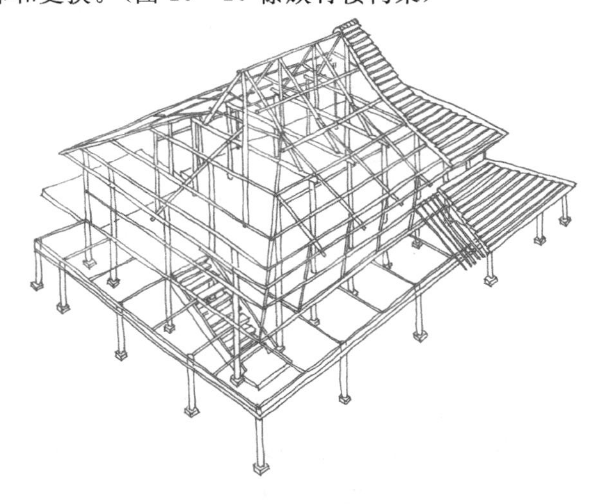

图 10－10　傣族竹楼构架

竹楼的平面形式为正方形。底层空间具有仓储、生产工具堆放和畜牧养殖的功能，是傣族人民进行粗重劳动的场所。二楼的空间由外廊、展、客厅、卧室、火塘组成。其中火塘设置在客厅之中，是进行会客、婚礼仪式、成人仪式等活动的场所。卧室位于客厅一侧，卧室一般设两个门，内部分床但是不分间。

随着傣族经济生活的改善，民居也发生了变异，卧室分床不分间的习俗和火塘设置在客厅的习俗逐渐被摒弃。越来越多的傣族人把火塘跟客厅分开设置，即设置单独的一间作为火塘间，生活意义近似于厨房。这样，整个二层的平面形式就发生了变化，原来的方形平面因为增加了一间作为火塘空间，而变成 L 形。卧室为了主卧和客卧的区分，也逐渐开始分间，在客厅的另一侧增加了主人卧室，这样，方形平面又变成凹字形。

2. 傣家竹楼功能

傣家十分重视火塘。火塘用木板钉成，像一个没有盖子的方形木盒。新房建成时，先把木盒子钉在楼板上，将内部填上土，铺平、压结实，在上面支起一个铁质的三脚架，这样就可以在上面烧饭。火塘上的三脚架每一个支脚都有特殊的含义，分别代表了红宝石、金宝石和吉祥之石。按照傣族人的习俗，只能从三脚架的一脚架柴火，火塘不用时并不熄灭，用锅盖盖住，保留火种。(图 10－11 傣族竹楼剖视图)

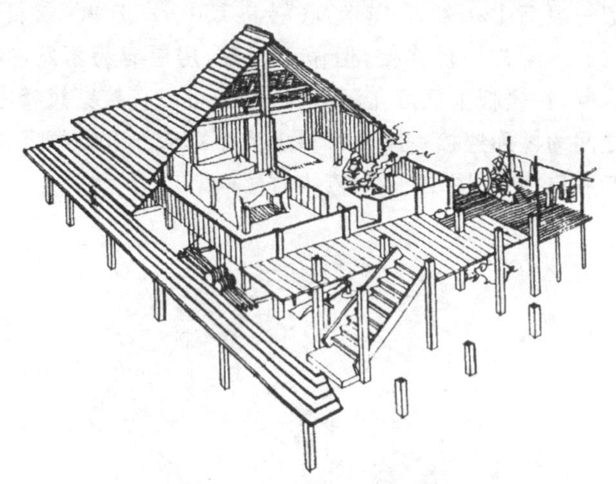

图 10－11 傣族竹楼剖视图

傣家竹楼屋顶坡度很大，成“人”字形，分为不等坡的两段。上段为歇山形式，为了减少暴雨对建筑的屋顶产生过重的负荷，坡度角为 45°至 60°，下段做重檐，坡度设置相对较小，坡度平均为 45°左右。从前民居屋面多为茅草，后多用屋瓦来代替。

傣家竹楼的廊子藏在深挑的屋檐下，连接楼梯和客厅，是人们进行手工劳动和交流的场所。过去客厅与廊子功能混用，人既可以在客厅做手工，又可以在廊子里会见客人。随着人们对客厅功能的重视，廊子的体量缩减了。

西双版纳地区的气候炎热多雨，傣族民居的围墙常用保温性能比较差的维护结构，如竹材。低矮的横向洞口，既减少外部辐射，也用于通风。

三、傣家竹楼建造

1. 建房习俗

傣族盖新房一定要挑选吉祥的日子，建房的程序有几点：

(1)选址——傣族建房子要选在一块能够照射到日光的空地，其意义为“金龙飞过的地方”，“这边开门就可以看得到孔雀，那边开门可以看到金鹿”。

(2)立柱——傣族在建房之前要实行立柱仪式，立柱当天妇女会拿来清水冲洗所有的柱子，冲洗的时候首先冲洗最笔直最粗壮的“梢岩”(王子柱)和“梢朗”(公主柱)，并口中念道：“洗去灰，洗去汗，洗去凶恶与灾难，房柱更坚固。”

(3)贺新房——傣族在新房建成之后，迁入新房时还要举行三种仪式，即新房落成仪式、乔迁仪式和贺新房仪式。新房落成仪式是在入住新房之前，邀请亲友和寨子里的朋友一起喝酒庆祝。过来庆祝的章哈和老人唱《新房落成歌》。

2. 建筑材料

西双版纳到处都是茂密的竹林，竹子的种类繁多，傣族民居的建筑材料主要是竹材、木材和草排。

西双版纳地区的龙竹可以长到 20 至 30 米高，直径达到 20 至 30 厘米，是傣族民居的结构材料。傣族人用整龙竹作为梁和柱子等承重构件，将其剖成半圆形，则可以作为联系构件；体型小的竹材用于维护结构、楼板等；体型更小一些的竹材则将被破为竹蔑用于编织和捆扎建筑材料。

原始的傣族民居屋面材料以草排为主，傣族村寨临水，水边湿地的草浮在水面上，经过一段时间的缠绕、腐烂、新生之后会形成整片的草甸，傣族将这些草甸整理之后铺在屋面上，作为屋面防水遮阳的屋面材料。但自然的草排杂乱，影响民居的美观。后来傣族人将采集来的原料进行梳理编织，自己制作草排来作为屋面的铺设材料，不但更为美观工整，对屋顶的排水也更为有利。

第十一章　羌藏碉楼

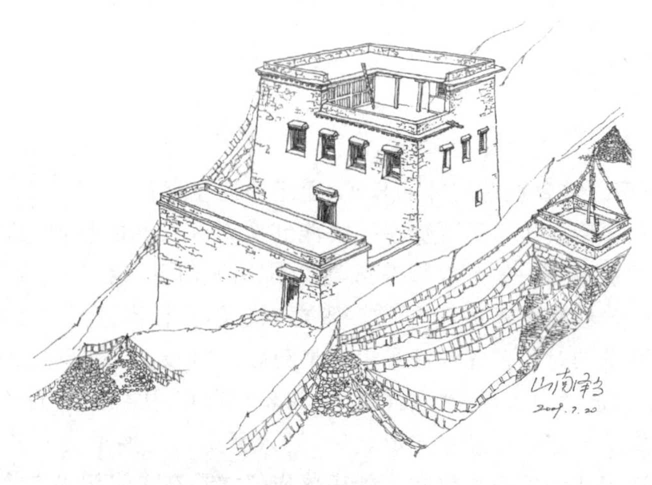

藏　族

藏族主要聚居在西藏自治区及青海海北、海南、黄南、果洛、玉树等藏族自治州和海西蒙古族、藏族自治州以及海东地区。藏族具有悠久的历史，据汉文史籍记载，藏族属于两汉时西羌人的一支。公元7世纪初，居住在雅鲁藏布江河谷的雅隆部落第三十二代赞普松赞干布统一了整个西藏地区，定都逻娑(今拉萨)，建立了吐蕃王朝。公元641年，赞普松赞干布与唐朝的文成公主联姻，公元710年，犀德祖赞又与唐朝的金城公主联姻，使西藏社会有了很大发展。

公元7世纪，佛教分别从印度和内地传入西藏，大乘佛教吸收了藏族本土信仰本教的某些仪式和内容，形成具有藏族特色的“藏传佛教”，也称为喇嘛教。藏传佛教主要教派有宁玛派、萨迦派、噶举派和格鲁派。随着佛教日益盛行，佛教寺庙遍及西藏各地，著名寺庙有甘丹寺、哲蚌寺、色拉寺、扎什伦布寺和布达拉宫等。

藏族最具代表性的民居是碉房，多为石木结构，依山而建，外形端庄稳固，风格古朴粗犷；外墙向上收缩，内坡仍为垂直。碉房一般分两层，底层为牧畜圈和储藏室，层高较低；二层为居住层，大间作堂屋、卧室、厨房，小间为储藏室或楼梯间；若有第三层，则多作经堂和晒台之用。碉房结构严密、楼角整齐，既利于防风避寒，又便于御敌防盗。

帐房是牧区藏民为适应逐水草而居的流动性生活方式采用的建筑形式，平面呈正方形或长方形，用木棍支撑高约2米的框架；上覆黑色牦牛毡毯，中留一宽15厘米左右、长1.5米的缝隙，作通风采光之用；四周用牦牛绳牵引，固定在地上；帐房内部周围用草泥块、土坯或卵石垒成高约50厘米的矮墙，上面堆放青稞、酥油袋和干牛粪；正中稍外设火灶，灶后供佛，地上铺以羊皮，供坐卧休憩。

西藏碉房

西藏民居的历史同它的主人一样十分久远，四五千年前就已出现穴居、半穴居式的居住建筑和原始聚落。在长期的社会历史进程中，藏族人民不仅适应了青藏高原的气候、地理等自然环境，而且形成了独具特色的生活习俗和文化传统，创造出具有浓郁地区色彩和民族特点的民居风格。

青藏高原气候的典型特点是干燥寒冷，日温差和年温差大；气候条件的恶劣，也使植物生长缓慢，建筑用材、生活燃料短缺；加之青藏高原的大部分地处地震带，所以藏族人民面对的不仅是恶劣的气候，还有复杂的地质、地形。藏族人民充分发挥自己的聪明才智，化不利为有利，防用结合，营造出适应高原气候、地理环境的民居建筑，其中以碉房和帐房最具代表性。

一、藏族传统民居类型

1. 碉房

碉房是农区和城镇居民的主要居住形式。因所处地区的差异而存在不同之处，在西藏地区就可以分为拉萨民居、阿里民居、林芝民居、昌都民居、那曲民居、日喀则民居和山南民居等。在藏族分布的其他地区，又有川西藏族民居、甘南藏族民居、云南香格里拉藏族民居以及青海藏族民居等多种类型。

碉房多为石木结构，外形端庄稳固，外墙向上收缩，依山而建者，内坡仍垂直。碉房一般为两层结构，以柱计算房间数。底层为牲畜圈和储藏房；二层为居住层，大间作堂屋、卧室、厨房，小间为储藏室或楼梯间。如有第三层，则多作经堂和晒台之用，厕所挑出墙外，下为粪坑。（图 11－1 拉萨贵族住宅 陈耀东）

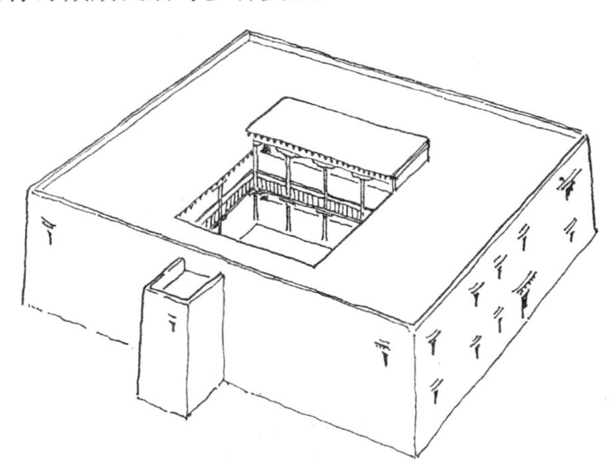

图11－1　拉萨贵族住宅 陈耀东

碉房的结构分墙体承重、柱网承重和墙柱混合承重三种，后一种是藏式建筑的基本结构；建筑平面有方形、圆形、八角形、十二边形等形式，以方形为多；墙体有板筑，也有石砌，以石砌居多，一层方石叠压一层碎薄石，间以泥合缝；毛石墙厚50～80厘米，土坯墙厚40～50厘米；平面布局有实体式、天井式封闭布局两种；屋面均采用平屋顶、阿嘎土面。阿嘎土是一种自然形式的半石灰化了的石灰混合黏土，多用于藏式建筑的屋顶材料。（图11-2　山南农村住宅 陈耀东）

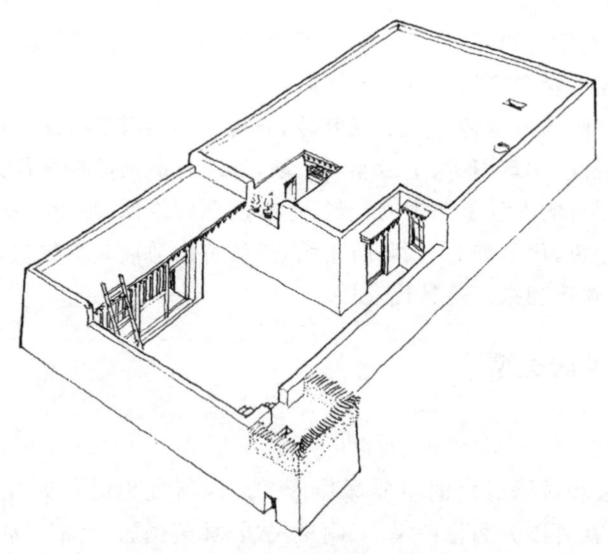

图11-2　山南农村住宅 陈耀东

2. 帐房

帐房是牧区藏民为适应逐水草而居的流动性生活方式而采用的一种特殊性建筑形式。帐房分牛毛帐房和布帐房两类，平面均呈不规则的方形或长方形。牛毛帐房是牧民普通使用的，是用耗牛毛织成的宽约30厘米、长1～2米的一片片粗氆氇拼接、缝制而成的。帐房由房顶、四壁、横杆、撑杆、橛子等部分构成。房顶正中有一条长约1．5米、宽约50厘米的天窗，作通风、采光之用。天窗可开可合，开启可排烟、散热，盖上则能防风雨、保温暖；帐房四周用牛毛绳牵引，固定在橛子上，橛子则钉入地下；帐房之“门”多是左右帐“壁”合拢重叠而成，其中一端始终固定，一端白天可撩起、晚上固定。帐房一般用木棍支撑，高约2米，使用面积为20～30平方米。（图11-3 青海藏族帐房）

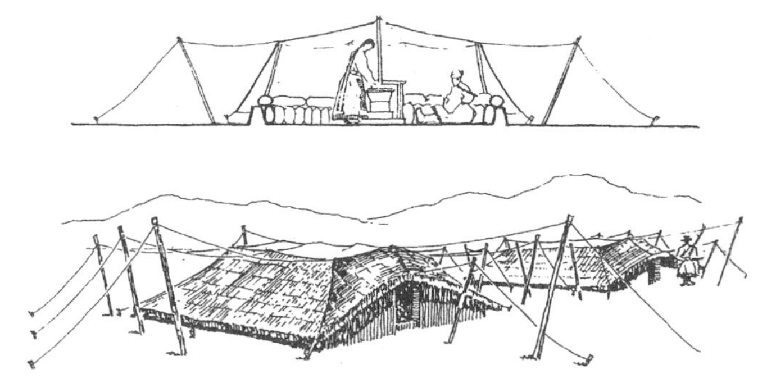

图 11－3　青海藏族帐房

帐房内部周围用草泥块、土坯或卵石垒成高约 50 厘米的矮墙，既可挡冷风之侵入，又可在上放置一袋袋的青稞、酥油和作燃料用的干牛粪等。帐房内陈设简单，正中设灶，灶后供佛，四周地上铺以羊皮，供坐卧休憩之用。亦有在帐房外用草皮或牛粪围成一米多高的矮墙挡风。

二、西藏碉房建筑特征

藏族碉房具有坚实稳固、结构严密、楼角整齐等特点，既利于防风避寒，又便于御敌防盗。碉房一般底层层高较低，居室多方形；家具主要有卡垫床、小方桌、藏柜，呈现矮小、拼装、多用等特点。家具沿墙布置，可充分利用室内边角面积，便利人的活动。碉房门分单、双开两种，窗排列不整齐，且门小窗少，室内通风、采光较差。

1. 碉房构成要素

碉房包括主室、佛堂、卧室、贮藏室、客厅、阳台、外廊、厕所等空间。

庭院是为调节住居中的日照采光与通风防潮而存在的，随着家族成员增加与住居规模的扩张，庭院可能会逐渐被建筑所包围从而衍变成天井。晒台空间功能近乎等同于院子，但不具备院子圈养牲畜的功能。

门厅通常是由室外进入室内、继而进入下一个领域深度更深的房间之前的前室，是连接室内外的重要环节。廊的空间特质是多为平屋顶且一面或三面无围护墙，通常位于主室和卧室之外作夏室用，或在民居屋顶平台倚靠佛堂搭建；或位于民居入口处或院子一隅，多兼作牲畜圈房使用。

厨房兼卧室的房间是藏族民居中最重要的房间，也常被称为主室、“冬室”。这种复合功能的房间与气候有很大关系。藏区冬季严寒，所以将日常生活的活动集中在有火塘或火炉的厨房内，包括煮茶、饮食、休息等复合功能。这种厨房兼卧室的方式，延续至今仍被广泛采用。（图 11－4　农村民居功能布局 ）

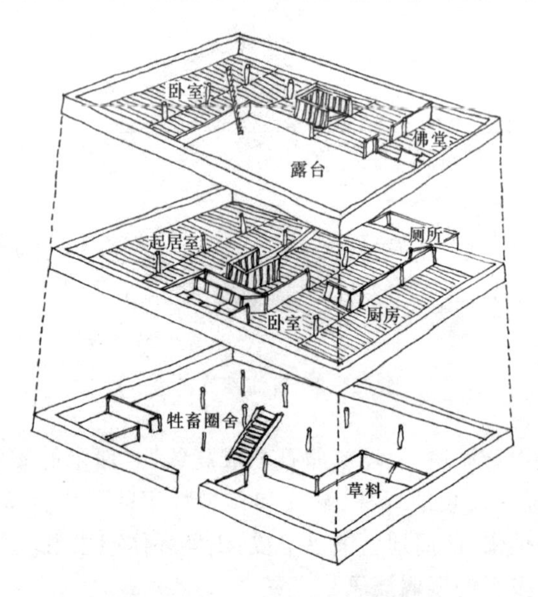

图 11-4 农村民居功能布局

库房多用于贮藏干肉、粮食、茶叶等，储藏室多用于储藏农具、杂物、生活用具等。佛堂是藏族民众供奉佛像及佛教经书的场所。

2. 碉房建造特征

西藏大多数地方处于高寒地区，降雨量相对小，日光照射强烈，阴阳两面温差较大，风沙较大。碉房一般都采用四合院，或者主体建筑套一个四合院。建筑南向楼上留出小晒台，在"回"字形院落的中庭一圈围廊，北边围廊处，楼层增加高度，使更多的阳光可以穿过回字形的天井进入主人的起居空间。这种院落既能防风沙，又能保暖。

(1)基础处理

一般是在基槽挖好后素土夯实。然后铺填一层卵石或碎石，再填黏土夯实。一般为三层卵石，三层黏土，分层夯实，然后砌筑墙身。柱子的基础做法大致相同。一般是挖1米见方的基坑，分层夯实卵石黏土，再放置柱础石，最后在柱础石上立柱。

(2)墙体制作

西藏土质为沙土，缺乏很好的强度，为了增加土的黏结和耐久性，在里面加入秸秆和一些杂草，做成强度较高的夯土砖，然后砌筑。在石材采集较为方便的部分地区，也用石头作墙体材料，多为片石和卵石，少数较为富有的人家用比较规整的石材作为墙体砌筑材料。墙体砌筑完成后再进行表面处理，如果是石材，则在上面刷一层薄白土；土坯砌筑建筑则在墙体表面敷上一层泥巴作保护。用双手指尖在墙面上画出弧形图案，有的保持原有黄土颜色，有的地方则刷白。当雨季来临，雨水顺着弧形槽沟掉下去，减弱雨水对墙面的冲刷。

(3)墙顶处理

墙体砌筑到顶以后，上面搭上长的方形木条，一头向墙体外延伸约 10 厘米。然后再在上面铺一层长方形青石片，这两道工序完成后，覆上泥土并在上面压一层细阿嘎土，蘸着榆树汁用木板工具拍打成两坡的雨棚，干后浸植物油几遍。墙顶采取这些措施以后，雨水顺着两坡滑落到青石片上，滴到地面，保护了屋顶不被雨水破坏，墙面不被雨水冲刷。

(4)房顶屋面处理

在卵石黏土夯实的垫层上铺 10 厘米的阿嘎土，人工踩实。之后，用石块或木棒拍打，边拍打边泼水，使之充分吸收水分直到能够起浆时为止。阿嘎土拍实后，再铺一层细阿嘎土，泼水拍打。拍打时浮起的细浆最后用水冲洗掉。涂抹槐树皮的浆液，然后以青油涂抹 2～7 遍。

三、藏族民居装饰

1. 佛堂装饰

在西藏民居里，佛堂的地位非常重要，不论是农牧民住宅，还是贵族上层府邸，都有供佛的设施。最简单的也设置供案，敬奉菩萨。家庭小佛堂内一般摆设藏柜、佛龛，佛龛里安放佛像或者悬挂唐卡。佛龛或唐卡佛像前敬供食品、净水、烧香以示虔诚。

酥油花是民居佛堂里常见的一种特殊供品，是用牦牛酥油加上各种颜料和金箔精心制作而成，其形象千姿百态、栩栩如生。藏民把酥油花敬献于佛像、佛经、佛塔前，再摆上其他供品、供水、酥油灯、花、熏香、乐器等。

2. 墙壁装饰

西藏民居的外墙颜色主要是白色，但各地在色彩的选择和搭配上又有差异。拉萨林周一带，许多民居的墙体为泥土的自然黄色。建房时，人们采用当地的细泥抹墙，并用手指在墙体上由上往下划半圆形或弧形图案，纹饰自然美观。

后藏萨迦一带的民居则为白色院墙，而在墙檐和窗户上涂饰黑色和土红色的色带。这种色彩上的变化与当地的宗教信仰和地域文化传统有关。萨迦民居显然是受萨迦派的影响而形成的，萨迦南寺高耸的寺墙至今仍是深蓝灰底色再涂绘白、红色带。

白色墙体也深有含意。藏族崇尚白色，喜庆时用白色，吉祥哈达是白色，藏族人时常用“我的心是白色的”来表现诚实无欺。白色房一年一度的刷新，时间选在秋收后的藏历九月二十二日进行。那一天是“降神节”，据说是释迦牟尼去天堂与母亲相会的日子，又说释迦牟尼探望过母亲后，便下凡人间。

藏族住宅的客厅、卧室、门庭和大门两边大都绘有各种花饰图案。一般室内墙上方四周绘三色条纹花饰，下方涂乳黄或浅绿色颜料，柱头梁面画有装饰图案。住宅大院的门廊两壁绘有驭虎图，象征预防瘟疫、招来吉祥；或者画财神牵象图，画中有行脚僧牵来大象载满珍宝，象征招财进宝之意。藏族普遍喜欢屋内悬挂诸如《和气四瑞图》、《六长寿图》、《圣僧图》之类的画，有些人把它们画在室内墙壁或藏柜门面上。

3. 柱头装饰

藏式传统建筑不同程度地融合和渗透着藏传佛教文化，居室中的木柱代表着人们对世界中心的敬仰。柱头装饰包括柱头、斗拱、梁枋部位的雕刻、彩绘。在藏族居室中柱子、横梁位置显要，这部分的装饰在整个室内装饰中至关重要。无论高雅精致的殿堂还是普通百姓的民居都装点得庄严、堂皇。

藏族民居室内柱头和梁枋装饰与寺庙装饰没有大的区别，彩绘图案、颜色运用、布局结构除了个别外，与寺庙装饰相同，只是民居室内柱头大梁装饰多半是彩绘，几乎见不到雕刻。

4. 门窗装饰

藏族传统建筑的门格、窗格用排列整齐的双层排列方木从墙面上突出而成，上面挂彩色短帘。门楣、窗楣进行彩绘。门框、窗框两侧用宽约 15 厘米的黑条装饰，窗子做成白色方格玻璃窗，二者色彩反差鲜明。门框木构件上雕饰莲花、涡卷图案，门板上画有日、月、万字符图案，使得藏族传统建筑表现出独特的审美趣味。

藏族民居注重对门的装饰。门框装饰包含门框本身、门楣、门楣上的屋檐、门板等。藏族建筑大门装饰十分讲究，从屋檐到门坎都用雕、绘的手段充分加以装饰。门楣上彩绘各种图案，门框的木构件上雕刻莲花花瓣和方格图案，这种图案处理形式大部分民居大门大同小异。(图 11－5 藏式门头)

门板为单开式，板门为了加固起见上、下分层钉铁条。门板一般涂单一色，不作绘画处理。除了这些装饰以外，门框上挂短帘，门框左右两边墙上涂两道黑色竖条。每年过年前，短帘要弃旧换新，黑色竖条与外墙一道重新涂漆粉刷。这是一般民居门框装饰。

无论是民居大门还是寺庙大门，装饰要求与室内梁柱装饰相协调，有些主人还会在门楣里用木头做框，镶以玻璃作为佛龛，供奉佛像或圣物。最顶上安放一对耗牛角。门框边的墙体用黑漆涂绘，上窄下宽。大门多为单扇，颜色朱红或乌黑。有的在门上钉三条铜或铁质的装饰片，许多是在门上绘日月形成“雍仲”符号。日喀则定日民居门楣的上方砌有一个塔形的装饰体，下部和院墙的墙檐相接。最顶上放置一块白色的卵石，如同一个塔尖。塔形体的左右两侧分别涂有红色和黑色的色块，两色相交处和门楣的上方均留一条宽宽的白条，有的家庭就在门楣上方的白

图 11－5　藏式门头

条处放一排白色的卵石。门全部刷成黑色，上方中间用白色画月亮，用土红色画太阳。门的两侧及门楣上均涂有一条约一尺宽的黑色条带，整个门如同一座造型粗犷的佛塔，很有特点。

5. 室内陈设与装饰

藏族居室的经堂属净地，一般不作他用。一般家庭都是靠窗、沿墙摆着一圈“卡垫”，形成马蹄形的环绕形式，或沿两面墙摆成直角形，在拐角处或马蹄形中间安放一张藏桌，供家人或客人围坐饮茶用膳。“卡垫”上面铺上漂亮的彩色“冲丝卡垫”。全家睡卧起坐均用“卡垫”。（图 11－6　一柱平房内景）

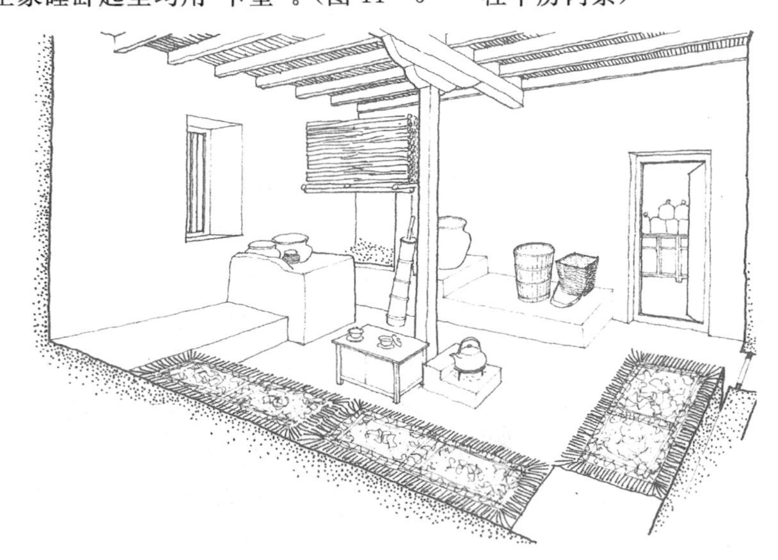

图 11－6　一柱平房内景

“卡垫”一般高30厘米,宽约1米见方,用细帆布做包套,内装獐子毛或干软草。“冲丝卡垫”是毛纱或棉纱做经纬制成的,编织精美、颜色鲜艳、花纹富有民族特色,经久耐用。

藏族传统民居建筑室内装饰的用色和图案都很有特点,常见的有在室内墙壁上方绘以吉祥图案,客厅的内壁画蓝、绿、红三条色带,以寓意蓝天、土地和大海。

羌寨碉楼

羌族是我国古老的民族之一,主要居住在四川阿坝藏族羌族自治州的茂县、汶川县、理县、黑水县、松潘县、北川羌族自治县、甘孜藏族自治州的部分地区,以及贵州省的石阡县、江口县。羌族是中国最古老的民族之一,有着悠久的历史与独特的文化,在发展与生存中创建的碉楼建筑不仅丰富了中华建筑文化,而且对藏族等兄弟民族的建筑形式也产生了很深的影响。

一、羌族碉楼概述

早在两千多年以前,羌族就以其精湛的建筑技术著称于世。《后汉书·南蛮西南夷列传》中记载了今岷江上游一带羌族先民的伟大创造:“众皆依山居止,垒石为室,高者至十余丈,为邛笼。”《隋书·附国传》中记载:“(其国)近山谷傍山险,垒石为巢,高者十余丈,下至五六丈,每级丈余,以木隔之。其方三四步,巢上方二三步,状似浮屠,于下级开门从内上通,夜必关闭,以防盗贼。”明代顾炎武在《天下郡国利病书》中说:“威、茂,古冉地,垒石为碉以居,如浮屠数重,门内以辑木上下,货藏于上,人居其中,畜圈于下,高至二三十丈者谓之邛笼,十余丈者谓之碉。”

1. 碉楼类型

就建造原料而言,碉楼可分为黄土碉和石碉两种,前者主要是用黏性很强的胶泥土建造而成;后者是用石片堆砌而成。例如,汶川县布瓦山上的碉楼就属于黄泥碉,而理县的桃坪村和羌锋村的碉楼则为石碉。

按用途分类,碉楼可分为家碉、寨碉、战碉、烽火碉四种。家碉在羌族地区最为普遍,多修建在住宅前,并与庄房相连,可以住人、存货、圈畜,实用性较强。据说,古时若谁家有了男孩,就必须建一座家碉,男孩每长一岁就要增修一层,直到男孩长到十六岁,碉楼才封顶,若谁家没有碉楼,儿子连媳妇都娶不上。(图11-7羌族家碉)

图 11－7　羌族家碉

寨碉是一寨之主的指挥碉，一般居于羌寨中央，是旧时羌寨富庶与否的外部体现，也是寨主权威的象征。寨碉要比其他碉楼高大、雄伟。在遇到外敌人侵时，寨主在寨碉上居高临下，统观全局，指挥整个羌寨的作战。

战碉一般建在山峰上或巍峨的关口处，可以驻扎军队，守关把隘，主要用于瞭望和传递消息，距村落较远。当敌人入侵时，是保护家园的最前沿，因而格外坚固。在冷兵器时代，用火炮轰实难伤及它的筋骨，有“一碉当关，万人莫开”之说，近可攻，退可守。羌族修建一座战碉至少要花费全村人 2～3 年时间。（图 11－8 羌族战碉）

烽火碉一般建在大山高处，类似古代的烽火台，是寨与寨之间传递信号用的，一般各寨均有三、五座不等。这种碉楼坚固实用，结构严谨，外观雄伟，既可用于瞭望敌情、指挥作战，又有利于小规模的进攻防守，可阻挠敌人的进攻势头，迫使敌人分兵，以消耗敌人的有生力量，为羌族军队的调动和族人的转移争取时间。

2. 碉楼功能

碉楼是羌族迁徙到岷江上游地区后发展起来的。羌族迁徙到岷江上游地区以后，开始由游牧转向农耕。岷江上游地区正处于“西南民族走廊”，在这里往返迁徙的人较多，所以在这里定居的羌族不仅要受到野兽和严寒的威胁，更要受到战争的威胁。因此，带有浓厚军事防御色彩的碉楼就产生了。

古代长时间的频繁战争，民族之间、村寨部落之间的争斗，以及土匪、盗贼的骚扰，迫使羌族人民把村寨都建筑在易守难攻的高山山腰的险峻处。尤其是在唐代，

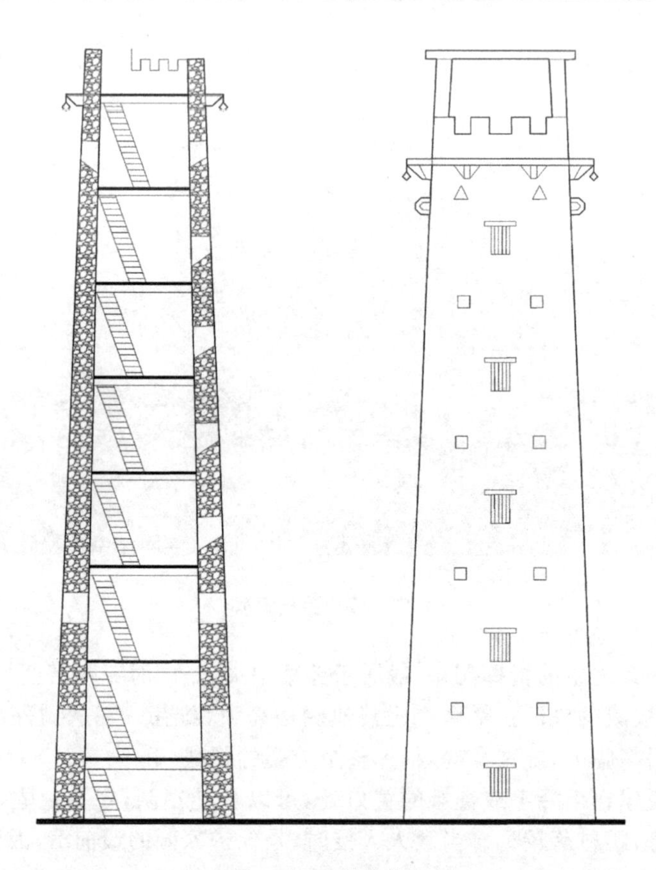

图 11-8 羌族战碉

中原王朝与吐蕃王朝更是在岷江上游流域展开了旷日持久的拉锯战。为了适应战争的需要，一个个战时可御敌，战后可安居的碉楼便应运而生了。每个羌族村寨都修建有或大或小的碉楼，有的单独修建，有的与住房相连。一方面便于瞭望敌情，燃大火发信号；另一方面可以封锁路口要道，如遇强敌，全村人可以固守碉楼，并相互支援，居高临下杀伤敌人，起抵御和镇守的作用。

人们躲进碉楼后，就把下面的几层独木梯取上高层楼去，即使敌人冲进碉楼，一时间也伤害不了楼上的人们。楼上有水有粮，还能在夯有泥土的楼板上生火做饭，而不会发生火灾。

碉楼的窗口内大外小，敌人从外面爬进碉楼时根本无法施展开来和里面的人打斗，而里面的人却能轻易杀死敌人。即使敌人放火烧，只要将最下层楼板的开口盖住，碉楼底部就成为一个封闭的空间，燃烧的柴草就会由于缺少氧气而产生浓烟，反而呛了敌人。楼上的人们还可以点燃烽火向邻近村寨求援。羌族人民常把粮食、肉类、水贮存在碉楼里面，以备不时之需，战时还可以很好地实施对敌人坚壁清野。因此，碉楼也成为羌族财富的象征，一个羌寨富裕与否，在一定程度上就取决于该羌寨碉楼数量的多少。

羌族人民往往利用农闲时入蜀打工，以此为主要副业。男人们出外谋生，或充当脚夫，或“包打水井，修筑堤堰”，只留下妇孺老幼，这时他们便住进碉楼，将力量集中起来，以抵御随时都有可能发生的侵犯。

3. 碉楼形式

羌族碉楼有四角、六角、八角等几种样式，六角和八角形碉楼的顶部棱角突出。据说，过去每当同一姓氏的羌族人家在某地发展到一定规模时，就要集体捐资兴建一幢象征本族人家存在与兴盛的碉楼，如果是四家人共同修建的，就修成四角形；六家人共同修建的，就修成六角形。（图 11－9　碉楼民居首层平面）

图 11－9　碉楼民居首层平面

碉楼的层数有七八层的，有十三四层的，其高度有八九丈的，有十余丈的。英国牧师托马斯·托伦士在上世纪 20 年代就对羌族碉楼的形状和规模进行了详细的描述：“碉楼的普通大小为：基脚 15 英尺宽，至顶端变窄为仅有一半的样子，许多高度超过 100 英尺，角线走向和印制的几何图形一样准确。从远处看去，像工厂的烟囱。每座碉楼通常有 10 层或更多。入口处一般建在离地面 8 英尺高处。”

二、羌族碉楼的建造

1. 选址

羌族修碉楼时，要充分考虑到地形地势，一般选在沿河谷的高山上或半山腰有耕地和水源的地方，依山而建，数十家聚居为一寨，然后分台筑室。选材时充分利用河边取之不尽的石块和山上的黄土。

羌族建碉楼时还充分考虑当地气候条件。羌民居住的山区，四季风大，温差大，为保暖防风，住房多建在向阳、背风的地方。

2. 碉楼建造

羌族建筑碉楼时不绘图、吊线，也不用柱架支撑，全凭经验修建。一般碉楼的建筑材料有石、泥、木、麻等。建时先挖深七八尺、宽约三尺、呈正方形的基脚沟，以条石砌成碉基，将石片层层堆砌，将麦秆、青稞秆和麻秆用刀剁成寸长，按一定比例与黄胶泥搅拌后接缝，使泥石胶合。碉体下宽上窄，石墙自下而上逐步减薄，外墙稍向内倾，向上有明显的收分，内墙仍与地面垂直。石墙每达丈余，便架直径约15～30厘米的圆木横梁，一般选用青冈、松柏等硬木。四根横梁相互衔接，构成一个“口”形的木架，筑在碉楼的内墙中，上铺木板，木板上铺有夯实的胶泥土，并放置水缸。

至顶层则筑平台，平台三面有墙，前面敞开。由于碉楼依山而建，为防止敌人从山上进攻碉楼，因此碉楼靠山的背墙要高于左右的边墙约一丈，可以抵御山上来的任何进攻，确保碉楼上士兵的安全。

碉楼顶层除背墙外的其他三面墙体中都筑有木方，延伸到空中，再以木方为依托，搭设呈“凹”形的阁楼，阁楼顶部有挡板，能遮风挡雨，供人站立遥望。除此之外，阁楼上还悬挂有灯笼，可以照明，晚上还能起导向的作用。

在碉楼墙体砌到适当的高度时，就要在墙中嵌搭长木，长木的两端嵌进墙中，非常稳固。这些长木的架设，不仅在修建时充当了脚手架，使碉楼能在无塔吊的情况下继续向高处延伸，而且方便了以后的分层，有利于贮存食物。从建筑结构角度来看，它还对整座碉楼起到了连架、固定的作用。

比较高的碉楼的背部还有石脊，就像人的脊柱一样贯穿在整座碉楼中，起到了支撑骨架的重要作用。碉楼内墙壁均涂黄泥，不留缝隙。

3. 碉楼文化

碉楼修好后，端公要唱经典《上坛经》，反映修房造屋及供神情况：“开天鼓来辟地锤，天鼓地锤说根由。地锤用来捶地基，捶了地基盖新房。藏人掌锄刨地基，羌人背石砌墙脚，汉人挖土和稀泥。石头稀泥准备足，一层石来一层泥。……干土之上修神位，神位五尊不可少（天、地、山、火、龙）。五尊神位供白石，白石左右插神旗。房屋修好神旗插，敬天答地谢神恩。”

新房修建好，还要在房顶上放置白石、立供天神，并请端公做法事。端公唱词大意为：“请我端公砍杉杆，拿上斧头和绳索，进入杉林花椒林，……再将杉杆运房后，放到房顶石碉处，杀鸡宰羊祭神灵，插上石碉登神位，亲戚家门来庆贺，神灵与人都喜欢。”一切安排好后，人才可以入住。

第十二章　葡萄架下

维吾尔族

维吾尔族主要聚居在新疆维吾尔自治区天山以南的喀什、和田一带和阿克苏、库尔勒地区，其余散居在天山以北的乌鲁木齐、伊犁等地。“维吾尔”是维吾尔族的自称，意为“联合”。

维吾尔族本与突厥族同出于匈奴民族。匈奴族单于的两个王子发生争斗分裂，带领自己的部下逐渐形成了突厥和回鹘两个不同的民族，回鹘是维族的先民。在中国不同历史时期的汉文文献中。对“维吾尔”这个族名有不同的译写，4 世纪时写作“袁纥”；6 世纪末、7 世纪初写作“韦纥”；788 年以前写作“回纥”，788 年以后至 13 世纪 70 年代改写为“回鹘”；13 世纪 70 年代至 17 世纪 40 年代写作“畏兀儿”；17 世纪 40 年代到 20 世纪初则称“回部”或“缠回”等。

维吾尔族在古代信仰萨满教、摩尼教、景教、袄教和佛教。公元 10 世纪中叶，喀喇汗朝萨图克·布格拉汗皈依伊斯兰教后，喀什噶尔、叶尔羌、和阗地区遂改奉伊斯兰教。至 16 世纪初，吐鲁番、哈密等东疆地区维吾尔人改奉伊斯兰教。当前，中国维吾尔族多数信仰伊斯兰教的逊尼派。

维吾尔族经营农业、种植棉花和园艺，是中国最大面积的棉花与葡萄生产基地，闻名遐迩的葡萄沟，位于新疆维吾尔族自治区首府乌鲁木齐东南 184 千米的吐鲁番盆地。

维吾尔族有属于自己独特的文化与艺术，古代西域地区流行的龟兹乐久负盛名，唐朝时曾经风靡宫廷。现今流传在新疆地区的木卡姆，与龟兹乐有渊源关系。

维吾尔民居

维吾尔族主要分布在南疆和北疆部分地方，人口约有700多万，占全疆人口的46.7％。天山以北为游牧经济区；天山以南大多以农业为主。新疆的村落、集镇从萌芽到形成，始终因天山南北两种生产和生活方式的不同而各异。先秦时期，天山以北牧民因“畜牧逐水草”，以毡帐为宅，史称“行屋”。天山以南农业区居民以水系与可耕地连线成片形成绿洲农业，人民散居而呈现出星罗棋布的村落。唐代后期绿洲城镇村落群大体稳定，城市已呈现出一定的模式与规模，是近代城镇体系的基础。伊斯兰教传入后，以清真寺为中心的伊斯兰建筑形成城市建筑的主体。

一、新疆维吾尔族民居发展概述

在距今两千多年前的汉代，新疆已有了完整的木构架编笆墙建筑，这是古代楼兰、精绝到于阗(今和田)、皮山一带的沙土地区古今共有的结构方式，各种材料的“编笆墙”后来形成了新疆木构架密梁平屋顶结构体系。例如精绝古城住宅有多种形态，平面布置自由灵活，均有大房间作共用起居室，具有近代“阿以旺”建筑的式样。新疆古代的干顶泥屋面，是少雨或无雨地区的特殊产物。据史书记载，且末以西房屋为“平头”，高昌“架木为屋，土覆其上”。

维吾尔族自古以来习惯于室外活动，二千年前的民居宅旁就植树蔽荫防风沙，或利用果园作为室外活动场所。民居建筑小的为三、五间，大的数十间，面积较大，并与畜棚牛厩相连，这与当时社会存在一定的氏族血缘关系的大家庭，定居农业区中畜牧业还占相当比重有关。一般住宅的建筑面积多在200平方米以上，并有特别房间(厅堂)作为议事或婚丧庆事、拜神等使用。大小房间内均沿墙筑有土炕，是人们睡眠和起居作息之处。

伊斯兰教传入之后，阿拉伯建筑文化对维吾尔族建筑影响非常大。宗教和陵墓建筑中阿拉伯风格的使用对民居建筑产生了重要影响。带内院的建筑形式在原有基础上得到完善和推广，与外界隔绝的封闭式庭院布局多了起来，只设一院门出入，向外基本上不设窗，既防干热防风沙，也和伊斯兰教对住宅私秘性的重视有关。喀拉汗王朝在建筑材料的使用，如砖和釉彩陶的推广、装饰艺术，如图案、纹样、色彩和一些构件的构图上对维吾尔民居建筑有较大影响，但是民居原来的平面布局、结构方案，建筑工艺和材料使用并无重大变化。

二、维吾尔族民居建筑特点

1. 布局特点

(1)设置户外活动场所

干热、少雨、温差大是新疆的主要气候特征，为防止夏热冬寒，以厚生土墙和厚草泥屋面保温，窗面积小，不注重空气的对流，居室则深藏。这种"恒温式"建筑，适应了气温变化和防风沙的需要，也促成了民居建筑设置户外活动乃至户外起居场所的需求。南疆的维吾尔族民居厚围护、少窗、注重室外空间，布局自由，有以户外活动场所为中心的特点。"阿以旺"、"阿克赛乃"便是住宅建筑内部的户外场所。外廊、庭院和平屋顶是新疆各民族固定式民居的共有特色。

(2)营造绿色庭院

沙漠、戈壁、干旱、风沙，是新疆人无法摆脱的自然环境，为获取较为舒适的生活条件，人们致力营造村落或家庭的小环境。宅院的内向性成为维吾尔民居的又一特点。以水定居、引水入院，在南北疆各民族无一例外。"绿色庭院"为居民提供了荫凉之所，土地较多的地区为田园式，渠水穿越而过。

(3)设置客房

新疆地广人稀、交通不便，气候变幻莫测，过去的人们抗御自然灾害适应能力弱，在生活上互相帮助，解救危难，成为各民族的神圣职责。因此，热情好客是新疆各民族的传统习惯，这在民居建筑和毡房内布置上得到了充分的体现，在定居的房屋建筑中更为突出，一般都设有客室。

2. 结构特点

新疆民居构造简单易作、费用低廉。基础的作法主要有砌卵石、戈壁料(砾石与砂)夯填和砖基础，南疆维吾尔民居以卵石基础为多。墙体构造分生土湿筑和夯(版)筑墙、砖墙和木构架编笆或插坯墙三类，少数林区有井干式木构墙，山区有垒石墙；木构架编笆墙至少已有二千年以上的历史，系在木构(框)架上加密支柱和水平撑挡，以树枝条、红柳、芦苇束在构架上编成笆子然后抹泥而成；插坯墙是以土坯斜插在立柱间然后抹泥，这两种作法在昆仑山北麓广为应用。

民居的檐头分木作檐头，即在外廊部分以挑出檩条加封檐板组成；木板檐头，即以木板作成较高大的凹曲线封檐，常在高级民居中应用；砖砌檐头，常可见到以花式砖砌成图案。主要构造方法有三种。

(1) 木构架密梁平屋顶体系

这种结构形式是中国古建筑木构体系之一，构造系统有底部卧梁和上部顶梁

(圈梁),以立柱支承构成框架式,屋盖部分为密置小梁,大多为密铺小椽条上作草泥屋面,结构受力明确,布柱和置梁灵活,取材方便,抗震性能好,围护材料适应性强。(图 12－1 维吾尔民居木构架体系)

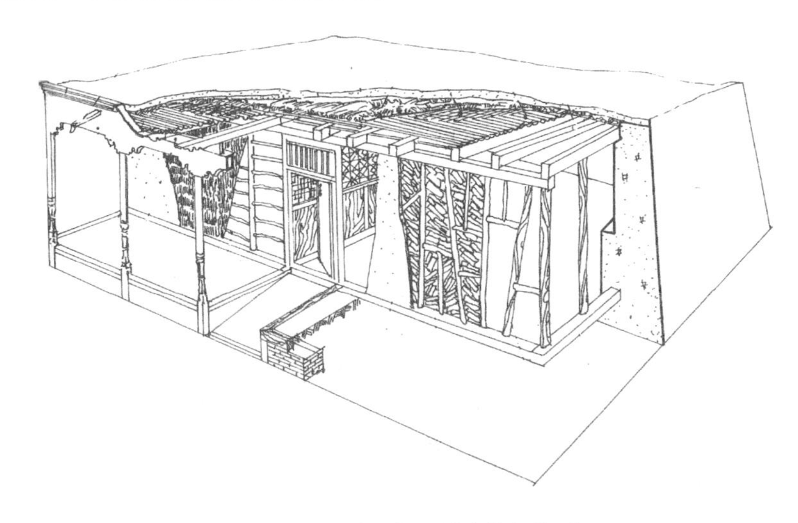

图 12－1　维吾尔民居木构架体系

(2) 生土墙土坯拱顶体系

墙体以土坯砌筑或为版筑墙,侧墙承重,墙厚 50～80 厘米,拱跨 3 米左右,以土坯砌成筒拱。就地取材、造价低廉、冬暖夏凉,但开间较小,空间适应性差。

(3) 土木(砖木)结构体系

墙体以土坯墙、夯筑墙为主,个别地方为卡玛土垒墙。屋面梁直接搁在木垫梁(板)上,硬山做法。墙体内有些加木柱支撑垫梁,施工简单、平面灵活。

3. 民居类型

维吾尔族民居建筑平面布局十分自由而丰富,因各地气候条件、建筑材料、传统生活方式和外来文化影响不同,也表现出一定的差异,以平面布局划分,大体有如下几种类型。

(1)“阿以旺”式民居

“阿以旺”民居以南疆和田为代表,是一种古代即在昆仑山北麓的东部地方盛行的形式,是一种由敞开的室外活动场所向室内过渡的半封闭式“庭院”建筑,最有新疆维吾尔族的特色。“阿以旺”是家庭共用的起居室和接待客人的重要场所,是住宅建筑的中心。其他功能的用房围绕这个中心自由布置。(图 12－2 和田阿以旺民居)

图 12－2 和田阿以旺民居

“阿以旺”是一个由厚实的生土墙构成的集中式内向的建筑空间。民居为单层，用高侧窗采光，其余房间皆用小平天窗采光。阿以旺是该组建筑中面积最大、层高最高，光线最好的房间，其面积大者可以达 80～100 平方米。室内设柱子以解决高侧窗和建筑大空间的跨度问题。

(2) 外廊式民居

外廊式民居是和田、吐鲁番以及喀什农村普遍采用的民居形式。民居外廊较宽，在 2 米以上，并无“走廊”的功能，廊下设炕，是居家户外活动场所和休息、家务、炊事用餐、夏天夜晚住宿之处。外廊是建筑入口的重要装饰点，各种柱式、柱头、檐板集维吾尔木构件装饰的精华所在，使民居建筑具有独特的外貌。设在廊后的用房根据家庭人口多少向纵深发展。较大的住宅发展成回廊式建筑。(图 12－3 外廊式民居)

图 12－3 外廊式民居

（3）封闭小庭院式住宅

以喀什城市民居为代表，院落尺度适当，立面虚实对比协调，绿化配置得当，庭院环境舒适。房屋有单层、二层或三层。庭院中的房屋根据地形灵活布置，不强调轴线与对称，也不强调方位，善于利用柱廊、层数、层高和露天楼梯的变化来处理院落空间。曲折的回廊，庭院内树丛花卉，黄砖楼梯，为住户创造了一个封闭、内向、私密性和安全感极强的居住环境。院内半地下室的储藏面积，屋面平台的利用，借用巷道上空建过街楼来增加居室等。（图 12-4 喀什高台民居 张胜仪）

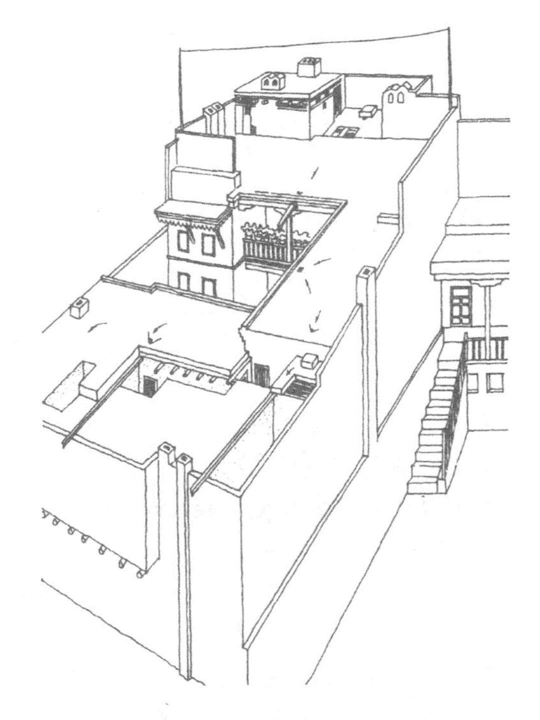

图 12-4　喀什高台民居 张胜仪

（4）花园式住宅

以伊犁地方民居为代表，民居平面布置以花园（果园）为主体，其住房本身受汉式建筑和中亚地方建筑影响较深，平面通常是一字形、曲尺形和组团形。由于天气寒冷室外活动少，"外廊" 较窄，台基升高，外侧设置栏杆，是功能"走廊"以及室内功能的补充场所。一般住宅面积 200 平方米左右，内部布置大多为串套式，以前室缓冲，通过侧面窗与外廊和花园相呼应。果园面积较大，在 1～2 亩或更多，引水入园。园内有畜厩、鸡舍、杂物棚，种各种果木、蔬菜、花卉，颇具田园风光。（图12-5 伊犁民居 张胜仪）

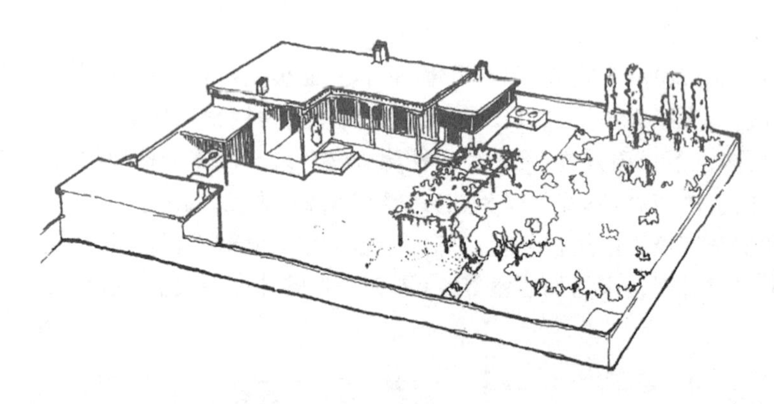

图 12－5　伊犁民居 张胜仪

三、维吾尔族民居装饰艺术

1. 木雕装饰

维吾尔族木雕装饰以线刻和浅浮雕满布为特点，多用材料本色或施以素色、彩色。木雕是喀什民居的重要装饰手段，其构图、部位、刀法都有鲜明的民族特点。木雕的处理手法有花带、组花、透雕、贴雕等，题材方面不作动物形象纹饰，仅作植物花卉，这和伊斯兰教反对偶像崇拜、忌讳有关。

木雕花窗历史悠久，应用普遍。在汉文化深远影响的吐鲁番地区，其大门上的双交四碗棂是该地区民居的重要特征之一。

木格花窗在喀什民居中应用较多，有的窗外设护板或百叶窗扇，也用整片落地的木棂花格作隔断，显得分外精巧别致。木棂花格的纹样有步步锦纹、回纹、冰裂纹等，图案丰富，构图严谨。柱、梁、枋上常有木雕刻，纹样多种多样，有严谨对称的几何纹，也有自由灵活的瓜果花卉纹。（图 12－6 维吾尔民居装饰 张胜仪）

大型建筑梁枋檐柱和雀替上还布满雕花并施以重彩，显得富丽多姿。每根木柱的柱头和柱脚的雕花都有自己的特点，并不雷同，在统一中有变化。

2. 石膏装饰

将石膏花装饰图案施于建筑在新疆由来以久。北宋王延德在其《西州使程记》一书中写到："都城火州，地无雨雪而极热……居室覆以白垩"。石膏花雕形式多样，有以一点为中心的二方连续或四方连续图案，也有圆形、方形、菱形、三角形、多边形的独立纹样。

常用的做法有石膏组花、石膏花带、透空石膏花壁龛等，主要天蓝色底白色花，或墨绿、深蓝、米黄等底色白色花，也有全部都是石膏本色的，形成异彩纷呈的效

图 12－6　维吾尔民居装饰 张胜仪

果。石膏雕花一般应用在窗间墙上，蓝色底或综红色底白花，装饰感极强，多为尖券状图形。中部饰纹和用于壁上端的“麦合拉甫”(凹龛)多是二方连续或四方连续图案，壁饰多是适合龛形的纹样，在同一室内墙面多选用花饰纹样不同的图案进行装饰，藻井中部多是适合圆形的纹样，再加上角隅纹，边框则多用二方连续图案做装饰。

3. 砖花装饰

黄褐色砖作为新疆的本土材料，有着其独特的艺术魅力。砖花饰一般有拼砌砖花饰、印花形砖、异形砖，以及砖雕、透空雕花砖等。新疆的维吾尔族工匠以高超的技艺，用砖相互穿插、交错、重叠、拼砌组合成各种平面和立体的几何图案和花饰，极有特色，在光影的衬托下这些花纹和图案更显精致典雅。

拼砖花装饰是用普通砖、异形砖、印花砖的一种或两三种来组成图案，拼砌于墙面上进行装饰，常拼成三角花格、六边连环花格、六边连环交叉格、菱形斜格等造型优美的图案，多用于房檐、台阶等处。

预制花砖是将砖预先制成各种形式，有长方形的、方形的、半圆的、三角的、梯形的等多达数十种，将它们砌筑成不同的几何图形，多用于大门边框、尖塔、拱北、墙桓、土台的某些部位，是新疆建筑艺术中最常用的一种艺术造型手段。

图文砖是表面印刻有图案、浮雕植物花纹或几何图案的装饰砖，多用来组合图案画面、花带等；雕花砖和透空雕花砖是用泥塑好造型后烧制成的装饰砖，多为灰色，常用于装饰檐柱廊端部、山墙头和屋脊等部位。

4. 室内装饰

维吾尔族民居室内装修中，客房、卧室一般向庭院开玻璃窗，窗台高 60 厘米左右。壁龛在维吾尔民居内很有特色，维吾尔族多个房间都有壁龛，大的壁龛可以放置衣被，小的组成壁龛群，可放置瓷器、铜具、花瓶等物品。壁龛的主要造型为拱形，配合使用矩形、半圆形等，形状各异、大小不同，不但可以装饰墙面美化房间，而且还腾出生活空间，增加使用面积，合理利用空间。

吐峪沟

吐鲁番地区是天山东部一个形如橄榄的山间盆地，四面环山，盆地西起阿拉山口，东至七角井峡谷西口，东西长 245 公里；北部为博格达山，南抵库鲁塔格山，南北宽约 75 公里。中部火焰山和博尔托乌拉山脉把盆地中央的绿洲平原分成了南、北两部分，位于盆地中心的艾丁湖水低于海平面 155 米，使吐鲁番称为我国地势最低的盆地。

吐鲁番属于暖温带干旱荒漠气候，干燥、高温、多风。盆地内日照时数长，蒸发量大，降水量稀少。火焰山以南夏季漫长而酷热，室外最高气温可达 48 ℃，年平均降水量不足 16. 6 毫米；冬少严寒，风小雪少；春季升温迅速而不稳定，干燥少雨，风多力强；秋季秋高气爽，降温迅速，温差大，有“火洲”、“风库”之称。火焰山以北四季分明，冬多严寒，夏少酷热，降水量偏多，春、秋两季较山南长半个月。

史籍记载，最早生活在吐鲁番盆地的土著民族是车师人，匈奴、汉、柔然、突厥、铁勒、吐蕃、回鹘、蒙古、回、哈萨克等民族都曾出现在吐鲁番这块舞台上。自高昌回鹘汗国以来，维吾尔族成为本地的主体民族。汉族在西汉时期即来此处守边屯田，促进了中原与西域文化的交流。

一、吐峪沟维吾尔民居建筑特征

吐峪沟位于吐鲁番地区鄯善县境内，有较多古老的维吾尔族村落，较为完整地保留了吐鲁番地区传统民居的风貌，吐峪沟峡谷南端的麻扎村便是其中之一。村庄位于坡地上，房屋沿坡而建，形成错落有致的坡地建筑形态。房舍呈集中式布局，多为内向半封闭性院落。

在吐峪沟，空中楼阁、过巷土楼等在村落中随处可见。民居庭院的顶部都修有高大的屋顶，四周和屋顶均有通风的窗洞及天窗。不少的屋顶上方有用土坯砌制的、四壁设有通风孔的晾房晒葡萄干，个别屋顶上方同时还搭会客、纳凉凉棚，是每家都有通往屋顶的门洞，可沿屋顶串门。（图 12 - 7 吐峪沟民居群）

图 12－7　吐峪沟民居群

高棚架是吐鲁番民居的重要特征。大多数农户的高棚架是经济实惠的葡萄架，更给庭院增添景色。

葡萄晾房是吐鲁番的地方特色构筑物，一般选择地势稍高、比较开阔通风的地段，或是在自己家住房的屋顶上用土坯砖错落砌成四面有孔、通风透气、形似火柴盒的荫房。这些荫房小的有十多平方米，大的有 30～40 平方米，内部挂满垂直的格架，葡萄就成串地挂在上面，借助干热的风制成葡萄干。

1. 民居建筑类型

吐峪沟民居与地形结合紧密，不注重朝向，以生土建筑为主，开窗少而小，主体结构主要分土拱平房、土拱楼房、平屋顶平房及部分土木平顶楼房，组合方式相对自由。

土拱楼房外设高棚架，一层为三联土拱房，二楼为土木密肋平顶房，是绿洲地区的一种多见形式，它综合了土拱结构的力学承载力和木肋平屋顶的开间灵活性和施工简捷的特点。土拱楼房前面或者后面设廊，用围墙围合成庭院。(图 12－8 吐峪沟民居鸟瞰)

联院平房有多重院子的平房组合，虽是多重院落，并不受中原传统院落的中轴布局及礼制影响。户外是外设棚架下的半公共空间，与户内的两个棚盖院子共同组织民居空间关系，具有递进的私密性。

密肋木平顶平房在吐鲁番地区最为多见，其空间灵活，施工简便而且满足了防晒通风的基本要求，大量的当代农村民居采用这种形式。这种建筑以院子为家庭生活中心，除冬季最冷的时间，居民的起居、待客、就餐、家务、娱乐均在院子中

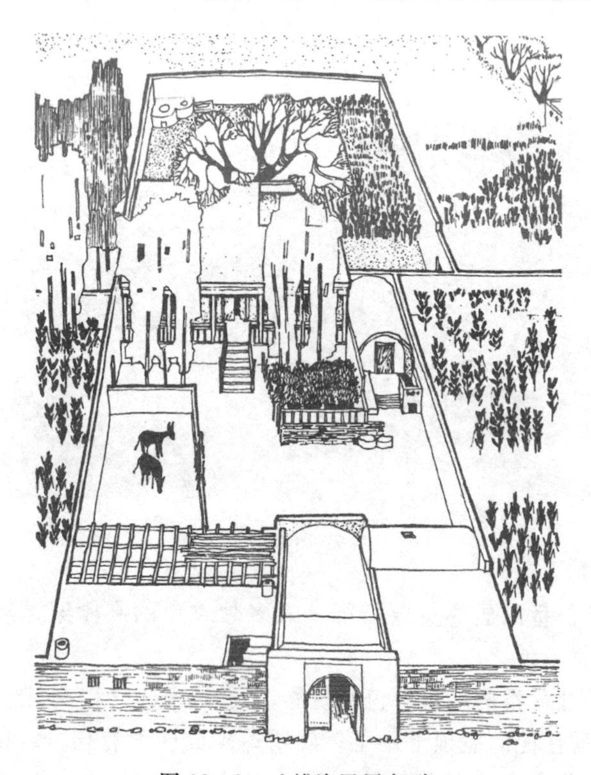

图 12-8 吐峪沟民居鸟瞰

进行。

土拱平房为全生土结构体系，夯土或者土坯砖基础，土坯砖或者夯土墙体，土坯拱屋顶。这种民居空间舒适、冬暖夏凉，就地取材，施工方便，维修简单，造价低廉。户外棚架下的环境舒适，景观良好，房屋外墙很少使用白石灰粉刷。

2. 民居院落布局

吐峪沟维吾尔民居院落平面比较自由，随坡就势，先在坡地上挖出一定深度的土方，平整场地，然后用挖出或运来的土进行建造。一层建筑建好后，在主要房屋上面加建二层或者晾房。这里的一层建筑属于半地下的类型，因为一层房屋的墙体有相当一部分没入土中，使得房屋的保温隔热性能更好。

民居院落呈内向性封闭，有的人家在院落中搭起高棚架可以遮阳降温，成为室内、外过渡空间，也是居民夏季生活休闲的重要场所。这个半开敞的空间一般筑有宽大的土炕，高 30～45 厘米，有的放置木床，除了冬季之外，全年中的大部分时间内，这里是全家人的生活中心。

由于村民的生活习惯，常在前院一角或院外设置馕坑。后院大多有一定坡度，这里用来设置卫生间和饲养牲畜。

3. 民居建筑功能

建筑多为两层或局部两层，一层房间为居住用房，二层房间多为堆放杂物的辅助用房，一、二层房屋之间在户外通过土梯或木楼梯连接。一层建筑一般有三到四间房，布置方式分毗连式和穿堂式两种，后者比较有特点。一层房间通过一个土拱结构的空间联系，类似外廊，起到内外空间的过渡作用。主要房间和客房均有一土炕，是人们起居活动的重要场所，冬天通过炉火取暖。其余房间为厨房和其他辅助用房。（图 12－9 吐峪沟民居平面）

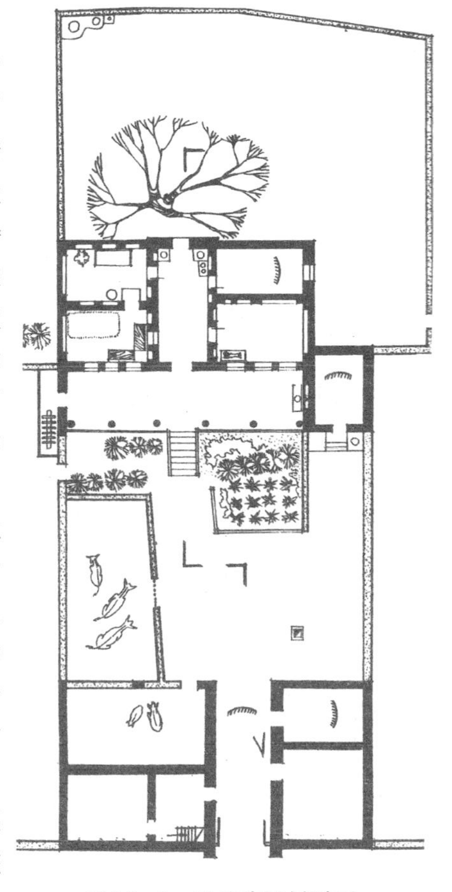

图 12－9　吐峪沟民居平面

吐鲁番盆地夏季酷热异常，夏季户外生活是最主要的生活方式。为降低室温，室内空间要向地下发展，民居一般都建有地下室、半地下室，利用地下凉气降温。一般住居的一层地坪都低于室外地坪 30 厘米左右。为保室内凉爽，开天窗通气、采光为常见，侧窗少而小。

在吐鲁番民居中同样有半室内空间“匹希阿以旺”，与和田民居形式相同，作用也完全相同，作为夏季户外起居之用。

吐鲁番民居的入口大门是一个有深度的空间，宽、高在 4 米左右，拱形结构，进深可达 8 米，装两扇厚木门扇。拱形门洞中可以存放车辆。因为此处阴凉通风，也是夏日妇女做手工和与邻居交谈的地方，具有非常鲜明的地方特色。

二、吐峪沟吐鲁番民居建筑技术

1. 吐峪沟民居的建筑材料

吐鲁番地区木材缺乏，但土质坚硬，含钙量高，遇水便成胶，又具有很好的保温隔热性能，是一种优良建筑材料。

吐峪沟民居建筑基本为土坯砖，尺寸约为 420 毫米×240 毫米×120 毫米，新建房屋有少许用红砖。土峪沟民居墙体均用土坯砖砌筑而成，底层结构为土拱结构，二层建筑为土木结构，即土坯墙体承重和土木屋面。吐峪沟北口战国至汉代的苏贝希居住遗址的房屋墙体，就用这种建筑形式。

建筑材料的性能决定了土拱结构开间都不大，一般为 3 米至 4 米，但是进深却可以很长。土拱砌筑是新疆较古老的一种技术，拱顶比较特殊。首先，它是无模砌筑；其次，平面布局不受拱的限定，房间布局可等跨并列，也可以非等跨并列，还可以垂直相交。

2. 土拱建筑技术

无模砌筑是新疆土坯拱技筑技术的最大特点，具体方法是先砌好纵墙和端墙，然后开始砌拱，在后端墙拱脚水平线上找出圆心，以跨度的一半为半径在后端墙上画半圆，即是拱圈线。砌墙人站在墙头上的木板上施工，在此线外方贴泥浆，然后由拱脚开始顺序贴砌土坯，砌拱顶的土坯略小、薄，尺寸 30 厘米×16 厘米×7 厘米，至中间一块相邻处为止，再贴另一边，最后嵌砌正中一块。有时拱圈内周长不是土坯尺寸的整数倍，需要对拱形加以调整使土坯为整数。这样半圆的拱就成为稍平的弧拱或稍高的尖拱。(图 12－10 吐鲁番土拱民居结构)

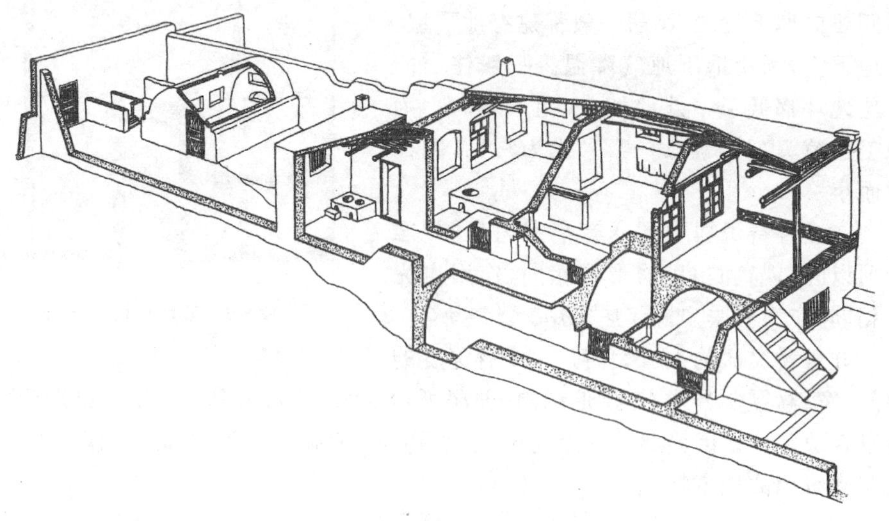

图 12－10　吐鲁番土拱民居结构

三、吐峪沟吐鲁番民居建筑装饰

吐鲁番民居建筑装饰具有浓厚的地方特色，建筑材料决定了建筑整体的色调就是土黄色。建筑外立面上唯一施加彩色的地方就是绿色门扇，少许房屋内墙粉刷成白色。这不但是居民对建筑色彩朴素追求的体现，更是人们在生存、生活，与自然搏斗中积累的丰富经验的体现。吐鲁番的太阳高度角比较大，干旱少雨，而生土材料的明度很高，为了防止人们的眼睛被太阳反射光灼伤，室内外的建筑色彩变化不大，就可以让人们进出房间时眼睛可以很快适应环境。

1. 墙体装饰

建筑墙体，比如院墙、女儿墙上部，都用土坯砖竖摆出连续变化的人字形或十字形图案，这样不但丰富了房屋和墙体的顶部设计，还会产生一定的光影效果。这种强调虚实关系的处理手法较为常见。也有将砖平摆露出棱角的做法，使墙体上下部显得有一定变化。室内墙体则经常挖壁龛用以存放东西，壁龛还经常以盲门的形式在墙面上连续出现。

2. 门窗装饰

当地的门窗也多用木本色，不上彩色，给人古朴、平易近人的感觉。这里的窗户常见的有横竖相交木格窗格以及图案类似于藻井式的窗格，后者图案是用大小两个正方形成45°相交，小正方形顶点压在大正方形的中线延长线上，这种图案显得棱角分明，虚实有致。

参考文献

图书

[1]李秋香主编,陈志华撰文. 宗祠.北京:生活.读书.新知三联书店,2006
[2]马炳坚. 北京四合院建筑. 天津:天津大学出版社,1999.6
[3]冯骥才. 古风·老牌坊. 北京:人民美术出版社,2003.12
[4]黄汉民. 福建土楼. 北京:生活·读书·新知三联书店,2003.10
[5]丁文剑. 现代建筑与古代风水. 上海:东华大学出版社,2008.1
[6]曾涌哲. 中国风水学初探. 广州:华龄出版社,2010.8
[7]黄继烨,张国雄.开平碉楼与村落研究. 广州:中国华侨出版社,2006.9
[8]侯继尧. 窑洞民居.北京:中国建筑工业出版社,1989.8
[9]严大椿. 新疆民居. 北京:中国建筑工业出版社,1995.8
[11]汪之力. 中国传统民居建筑. 济南:山东科学技术出版社,1994
[13]张崇礼. 白族传统民居建筑. 昆明:云南民族出版社, 2007
[14]贵州省文管会办公室,贵州省文化出版厅文物处. 侗寨鼓楼研究. 贵阳:贵州人民出版社, 1985
[15]宋昆主.平遥古城与民居. 天津:天津大学出版社,1998
[16]窦忠如. 北京清王府. 天津:百花文艺出版社, 2007
[17]吴良镛. 北京旧城与菊儿胡同. 北京:中国建筑工业出版社,1994.11
[18]徐平,郑堆.西藏农民的生活帕拉村半个世纪的变迁. 北京:中国藏学出版社,2000
[19]林荫新,钟哲聪. 鼓浪屿建筑艺术. 天津:天津大学出版社,1997
[20]陆元鼎. 中国民居建筑. 广州:华南理工大学出版社,2004.4
[21]董秀团著,白族民居. 云南大学出版社,2006 年,昆明:
[22]屈维丽. 丽江古城. 广州:广东旅游出版社,2011
[23]龚洁. 鼓浪屿建筑. 厦门:鹭江出版社,2006
[24]陈海汶. 上海石库门. 上海:上海人民美术出版社,2012
[25]朱荣林. 解读田子坊——我国城市可持续发展模式的探索. 上海:文汇出版社,2009
[26]朱成梁.老房子——江南水乡民居. 南京:江苏美术出版社,1993

[27]于元. 周庄. 长春:吉林出版集团有限责任公司,2010
[28]边伟. 恭王府. 北京:新华出版社,2010
[29]王金平,徐强,韩卫成. 山西民居. 北京:中国建筑工业出版社,2009
[30]朱秀海. 乔家大院(修订版). 海口:南海出版公司,2007
[31]金开诚. 平遥古城. 长春:吉林文史出版社,2010
[32]陆林,凌善金,焦华富. 徽州村落. 合肥:安徽人民出版社, 2005
[33]王其钧. 图说中国民居. 北京:中国建筑工业出版社,2004

学位论文

[1]母俊景. 新疆维吾尔族传统民居建筑技术与艺术特征研究. 新疆农业大学,2009
[2]何泉. 藏族民居建筑文化研究. 西安建筑科技大学,2009
[3]邹冰玉. 贵州干栏建筑形制初探. 中央美术学院,2004
[4]李磊. 云南傣族民居的地域特色及可持续发展研究. 昆明理工大学,2006
[5]高家双. 侗族鼓楼建筑类型学研究. 中南林业科技大学,2011
[6]钱肖桦. 大理白族民居院落研究. 昆明理工大学,2011
[7]王音. 多元文化背景下云南喜洲传统聚落空间和形态初探. 西安建筑科技大学,2011
[8]陈蓦. 探寻丽江古城文化生命力. 云南艺术学院,2012
[9]曾光. 厦门历史建筑保护与更新设计研究:以鼓浪屿海天堂构保护与更新为例. 同济大学, 2009
[10]马睿哲. 台北林家花园与厦门菽庄花园园林艺术研究. 福建师范大学,2011
[11]章国琴. 生态视野下的绍兴水乡传统民居空间形态特征研究. 西安建筑科技大学,2010.
[12]杨劲松. 从菊儿胡同的实践对“类四合院”模式的初步分析. 清华大学,1993
[13]梅刚. 平遥古城规划中的文化遗产保护经验研究. 太原理工大学,2009.
[14]吴永发. 徽州民居语言解析与建构. 合肥工业大学,1999
[15]胡振楠. 徽州地区古民居建筑形态解析合肥工业大学,2009
[16]陈培波. 明清徽州建筑的艺术特色. 安徽大学,2010
[17]鲁政. 皖南宏村遗产保护的调查与研究. 江南大学, 2004
[18]刘静. 豫西窑洞民居研究. 湖南大学,2008
[19]马成俊. 下沉式窑洞民居的传承研究和改造实践. 西安建筑科技大学,2009
[20]魏秋利. 关中地区城隍庙建筑研究. 西安建筑科技大学,2007
[21]白文博. 山西合院式民居不同地域形态特征分析. 太原理工大学,2011
[22]任芳. 晋西. 陕北窑洞民居比较研究. 太原理工大学,2011
[23]王少聪. 韩城城隍庙建筑研究. 西安建筑科技大学,2008

期刊论文

[1]张展洪.新疆吐峪沟麻扎村生土民居空间探析.大众文艺"理论版，2011,11:
[2]彭陟焱,周毓华.羌族碉楼建筑文化初探.西藏民族学院学报:哲学社会科学版,1998,11.
[3]徐平.帕拉庄园的构造及其功用.中国西藏:中文版,1988,5
[4]顾程琼.喜洲白族民居初探.小城镇建设,2005,9
[5]柯雄斌,余辉,熊丹.浅析现代城市中特色街巷的保护:以上海田子坊为例.华中建筑,2011,9
[6]赵晔,姚萍.从上海新天地看历史遗产的保护利用.西安:2007年中国建筑学会2007年学术年会，2007
[7]江涛.从上海"新天地"看老建筑的保护与开发.中华建设,2011,1
[8]周庄古镇 科学保护与持续发展之路探索.小城镇建设,2010,4
[9]雍振华.周庄古镇空间结构浅析.西安:2007年中国民族建筑研究会民居建筑专业委员会第十五届中国民居学术会议,2007
[10]贾珺.北京恭王府花园新探.中国园林,2009,8
[11]王廷信.晋商大院启示录.建筑与文化,2009,8
[12]刘富兴,朱文华.浅谈徽州民居.土木建筑学术文库,2011,1
[13]曾伟.徽州民居浅析.东南大学学报:哲学社会科学版，2009,6
[14]程军.陕北窑洞民居发展对策研究.安徽农业科学,2011,2